餐餐 30克

節約しながら
健康！たんぱく質献立

高蛋白料理

9 位營養師設計，
銅板價也能輕鬆做出
美味增肌餐

主婦の友社 著

CONTENTS

本書的使用方法

- 1小匙為5毫升、1大匙為15毫升、1杯為200毫升。
- 若未特別指定火候，均以中火烹調。
- 若未特別指定，蔬菜都先洗過、去皮、切除葉根。
- 若未特別指定，醬油都使用濃口醬油（編按：最常見的日本醬油類型），砂糖為上白糖，麵粉為低筋麵粉。胡椒可視個人口味選擇白胡椒或黑胡椒。
- 高湯均使用昆布、柴魚片、小魚乾熬煮的日式高湯。若是市售的產品，請依照包裝指示使用；市售的高湯通常帶有鹽分，請先試味道再酌酌使用。
- 高湯塊、高湯粉使用法式高湯粉或是西式高湯粉。
- 蛋白質含量、醣含量、熱量、食材費等數值皆以「1人份」計算，會隨著食材大小而變動，僅供參考。依照個人口味追加的配菜不在計算之列。
- 微波爐以功率600W的型號為基準，若使用的是500W的微波爐，請將加熱時間自動乘以1.2。也請根據各種型號與食材的情況決定加熱時間。

你是否攝取了 維持健康 所需的蛋白質呢？

蛋白質的功能多樣性，是維持健康不可或缺的營養素

蛋白質與脂質、醣（碳水化合物）並稱三大營養素的營養素，除了能提供身體能量，還是肌肉、骨骼、內臟這些身體部位、機能與荷爾蒙的原料。一旦攝取不足，肌肉量就會減少，讓我們看起來又老又憔悴，動不動就會覺得疲勞，思考力與續航力跟著下降。

每天從飲食攝取足夠的蛋白質，維持足夠的肌肉量，能提升代謝與免疫力，也能讓外表維持美麗，心靈保持健康。

- 提升代謝
- 維持肌肉
- 減重
- 提升免疫力
- 精神層面的支持

1 天需要攝取多少蛋白質（公克）？

每日平均

體重 [　　　(kg)] × **1.0～1.5**

要攝取這麼多不容易！

例如體重 50 公斤的人，**每天要攝取的蛋白質約為 50 ～ 75 公克**

根據日本厚生勞動省「日本人飲食攝取基準（2020）」的資料指出，18 歲以上的男性的每日蛋白質攝取建議量為 60 公克，女性為 50 公克。由於這只是標準值，還是要根據體型或是活動量計算。如果是坐辦公室，從事靜態工作的人，每公斤攝取 1 公克蛋白質就夠了，如果是常常活動的人，則是每公斤攝取 1.5 公克蛋白質較為足夠。

該如何每天攝取足夠的蛋白質？

就算三餐都吃蛋白質含量超過 15 公克的主菜，也很難達到每天的目標值，因此建議大家透過配菜攝取，或是透過湯品與點心攝取。善用「多加一點蛋白質」的概念，讓自己攝取接近目標值的蛋白質。

配菜

在熱炒的菜或是沙拉加點鮪魚、小魚乾，就能增加蛋白質的分量。如果沒時間的話，可換成豆腐或是納豆這類能快速完成的菜色。

湯品

將湯料換成豆皮、豆腐、水煮大豆這類大豆製品，或是雞胸肉、豬肉片這類價格划算的肉類，都是不錯的選擇。最後打顆蛋更是加分。

點心

如果覺得有點餓，可喝豆漿，或是吃點優格、起司，透過這類乳製品補充蛋白質。也很推薦透過豆渣粉製做的點心（p.106）補充蛋白質。

希望大家透過精心設計的 套餐 快速攝取 蛋白質

本書特邀請 9 位擁有營養師證照的料理研究家介紹「省錢又能充分攝取蛋白質」的食譜！

 岩崎啟子小姐　 牛尾理惠小姐　 檢見崎聰美小姐　 檀野真理子小姐　 沼津理惠小姐

 堀江幸子小姐　 堀江佐和子小姐　 堀江ひろ子小姐　 牧野直子小姐

省錢 同時能充分攝取 蛋白質 的套餐食譜是什麼？

雖然想維持肌肉量與健康，但是每天的菜色很容易一成不變，設計食譜也很麻煩。因此，本書介紹 50 套由 3 道菜色組成的主菜 + 配菜 + 湯品套餐，以及 109 道替代菜色，幫助大家同時解決「想省錢，又想充分攝取蛋白質」的煩惱，讓大家每天都能開心無負擔地享用料理。

PART 1

套餐食譜

每一套食譜都設計包括主菜 + 配菜 + 配菜或湯品的三道料理套餐，本書總共介紹 50 套。主菜全部都是既便宜，又能吃得飽足的高蛋白料理，每套餐的 1 人份食材費都不超過199 日圓（編按：即台幣不到 50 元，但因台日食材價格不一，僅供參考）。

● 30g+ 高蛋白質套餐食譜（p.10）

●肉、海鮮、豆腐、雞蛋
　根據各種蛋白質食材設計的食譜（p.20）

● 3 道菜含醣低於 15g！
　增肌減脂低醣套餐食譜（p.60）

配菜

配菜 or 湯品

主菜

所有介紹的食譜
都符合下列條件

每套餐
1 人份　＼超低價格／

食材費

50 元台幣內

套餐食譜（3 道）
1 人份　＼充分攝取／

蛋白質

30 公克以上

香煎雞肉佐鮪魚醬套餐食譜（p.22）

PART 2

替代菜色

替換套餐食譜之中的 1~2 道菜，就能避免料理一成不變。主菜、配菜、湯品可隨心所欲地組合，所有菜色都能利用冰箱或是常備食材自行調整，所以能避免食材的浪費，更加省錢。

主菜

依照雞肉、豬肉、絞肉、海鮮、雞蛋、豆腐這些食材分門別類介紹。PART 2 介紹的主菜共有 50 道，而且每道的蛋白質含量都超過 15 公克，1 人份食材費也不超過 199 日圓（台幣不到 50 元）！

洋釀炸雞
（p.72）

熱炒高野豆腐
（p.89）

配菜

使用常見的雞蛋、豆腐、乾貨、罐頭這類常備食材製做。PART 2 總共介紹 29 道配菜，每道配菜的蛋白質含量都超過 5 公克！

榨菜吻仔魚豆腐
（p.96）

馬鈴薯燉鹹牛肉
（p.99）

湯品

將水分換成牛奶、豆漿，或是加點肉類與雞蛋，都能有效補充蛋白質。PART 2 總共介紹 15 道湯品，每道湯品的蛋白質含量都超過 5 公克！

豬絞肉大豆番茄湯
（p.102）

海瓜子牛奶味噌湯
（p.102）

高蛋白質+省錢套餐食譜 的3大重點

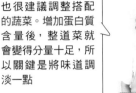

POINT 1

就算手邊沒有太多 **蛋白質豐富的便宜食材** 也儘量不要讓菜色重覆！

雞胸肉、大豆製品、雞蛋都是平價且蛋白質豐富的食材。唯一需要煩惱的是，這些食材很常見，菜色也很容易因此一成不變。建議大家換個角度，改用雞胸肉煮薑汁豬肉這道料理，或是改用高野豆腐（編按：日本的凍豆腐）製做炸雞，就能賦予熟悉的味道更多變化。

> 也很建議調整搭配的蔬菜。增加蛋白質含量後，整道菜就會變得分量十足，所以關鍵是將味道調淡一點

> 放下「青椒肉絲非得用牛肉煮」的成見，改用便宜食材創造變化，也是省錢祕訣

POINT 2

利用**套餐設計**達成 蛋白質的攝取量！

如果主菜的蛋白質含量比較低，可利用配菜或湯品另外補充蛋白質。加點雞柳、絞肉這類能少量使用的肉、豆腐或是常備的罐頭，以及將配菜換成炒蛋或是蛋花湯，就能多補充一點蛋白質。

香菇肉餅菜單（p.38）

> 納豆、起司、小魚乾都是能幫助我們攝取蛋白質的食材。一次沒用完的蔬菜可與冷凍食品搭配，達成省錢目的

POINT 3

若**以週為單位**設計菜單 較容易持續省錢！

若以相對較低的預算設計每天的菜色，很容易老是使用同一種便宜食材。星期一以肉類為主，星期二以雞蛋或豆腐為主，讓一週內每一天的主菜多些變化，就能使用價錢略高的肉類或魚類。列出一週要買的各種食材，也能有效預防食材浪費！

> 利用茼蒿、水菜（編按：在日本常用作鍋物的食材）製做主菜或配菜之外，也可以利用雞皮製做高湯。充分使用各種食材，才能省錢省得聰明！

健康 攝取蛋白質的方法

提升每日蛋白質攝取量的祕訣是？

一餐至少攝取兩種以上的蛋白質，就能提升每日蛋白質攝取量。加點雞蛋、納豆、豆腐，或是小魚乾與起司都不錯。

分成三餐攝取，也可以搭配點心

很難一口氣攝取大量的蛋白質，而且過度攝取只會代謝排出體外，或是轉換成脂肪，所以請透過三餐＋點心均衡地攝取蛋白質。

均衡地攝取動物性與植物性蛋白質

雖然動物性蛋白質比較容易吸收，但是會對身體造成負擔，所以要記得攝取膳食纖維豐富的植物性蛋白質。

格外注意讓人「變胖」的蛋白質！

脂肪含量較高的肉類或魚類都是高卡路里的食材，所以千萬不要過度攝取。肉類或魚類加工食品的蛋白質含量通常不高，所以最好與其他富含蛋白質的食材搭配。

高蛋白省錢料理常用食材的營養價值表

	食品名稱／熱量	蛋白質	醣
肉類	雞胸肉（帶皮） 133 kcal /100g	17.3g	0.1g
	雞腿肉（帶皮） 190 kcal /100g	17.0g	0g
	雞翅膀 207 kcal /100g	16.3g	0g
	雞柳 98 kcal /100g	19.7g	0.1g
	梅花肉 237 kcal /100g	14.7g	0.1g
	豬腿肉 171 kcal /100g	16.9g	0.2g
	雞絞肉 171 kcal /100g	14.6g	0g
	豬絞肉 209 kcal /100g	15.9g	0.1g
	維也納香腸 319 kcal /100g	10.5g	3.3g
	里肌火腿 211 kcal /100g	16.0g	2.0g
雞蛋乳製品	雞蛋 71 kcal /顆（50g）	5.7g	0.2g
	牛奶 128 kcal /200ml	6.3g	10.1g
	原味優格 56 kcal /100g	3.3g	4.9g
	加工起司 313 kcal /100g	21.6g	1.3g

	食品名稱／熱量	蛋白質	醣
魚類	鱈魚 72 kcal /100g	14.2g	0.1g
	鮭魚 124 kcal /100g	18.9g	0.1g
	鰹魚（春季） 108 kcal /100g	20.6g	0.1g
	水煮鯖魚罐頭 331 kcal /罐（190g）	33.1g	0.4g
	鮪魚罐頭 186 kcal /罐（70g）	10.1g	0.1g
	魚肉香腸 111 kcal /根（70g）	7.2g	8.8g
大豆製品	木棉豆腐（板豆腐） 219 kcal /塊（300g）	20.1g	1.2g
	嫩豆腐 168 kcal /塊（300g）	15.9g	3.3g
	高野豆腐（凍豆腐） 99 kcal /塊（20g）	9.9g	0.3g
	豆皮 75 kcal /塊（20g）	4.6g	0g
	油豆腐 215 kcal /塊（150g）	15.5g	0.3g
	納豆 76 kcal /盒（40g）	5.8g	2.2g
	無糖豆漿 92 kcal /200ml	7.1g	6.1g
	水煮大豆罐頭 124 kcal /100g	12.5g	0.9g

註：大卡（kcal）、公克（g）、毫升（ml）

〔 PART 1 〕

省錢又健康！
蛋白質 套餐食譜

這一章要介紹的是由「主菜」、「配菜」、「配菜或湯品」
這 3 道菜組成的套餐食譜。

● 本章的每套食譜每 1 人份都含 30 公克以上的蛋白質
● 每道主菜每 1 人份都含 15 公克以上的蛋白質
● 每套餐的 1 人份食材費都低於 199 日圓

（編按：即台幣不到 50 元，但因台日食材價格不一，僅供參考）

30g⁺ 高蛋白質套餐食譜

只需要銅板花費就能煮出主菜、配菜與湯品！在此為大家介紹由富含蛋白質的食材組成的省錢食譜。每道菜都是蛋白質豐富的料理，讓大家每餐都能攝取超過 30 公克蛋白質。

起司油豆腐漢堡排套餐食譜

烹調者：沼津里惠

[主菜]

用便宜的油豆腐增加分量，再以起司增加香濃滋味！

起司油豆腐漢堡排

材料（2人份）

絞肉：150公克
油豆腐：150公克

A
醬油：1小匙
鹽：1/4小匙
胡椒：少許

起司：2片
沙拉油：1小匙

烹調方式

❶ 將絞肉、油豆腐、食材A倒入大碗攪拌均勻之後，分成兩半，再捏成長橢圓形。將兩片起司分別折成一半。

❷ 將沙拉油倒入平底鍋熱油後，排入步驟❶的肉餡，以大火煎1分鐘之後翻面，蓋上鍋蓋，以小火悶煎8分鐘左右。打開鍋蓋，鋪上起司，再蓋上鍋蓋悶煎1分鐘。盛盤後，可在一旁附上生菜。

蛋白質	醣
22.5g	0.8g

熱量 356kcal

[配菜]

馬鈴薯只需要微波 3 分鐘，利用優格製做口味清爽的馬鈴薯沙拉

馬鈴薯泥火腿沙拉

材料（2人份）

新馬鈴薯：120公克
火腿：2片

A
美乃滋、原味優格：各1大匙
鹽、胡椒：各少許

烹調方式

❶ 新馬鈴薯連皮切成一口大小後，利用保鮮膜包起來，放入微波爐加熱3分鐘，再碾成粗泥。

❷ 將火腿切成適當大小後，與食材A一同拌入步驟❶的食材再盛盤，可附上歐芹作為裝飾。

蛋白質	醣
2.8g	4.2g

熱量 95kcal

[湯品]

湯料只有大頭菜！煎得香香的，讓大頭菜徹底釋放鮮味

香煎大頭菜豆漿味噌湯

材料（2人份）

大頭菜（帶葉）：1顆
無糖豆漿：300毫升
味噌：1大匙
麻油：1/2小匙

烹調方式

❶ 大頭菜先切成1公分厚的半圓形，葉子則切成長度適中的小段。

❷ 將麻油倒入鍋中加熱後，放入步驟❶的大頭菜煎至出現焦色，再倒入100毫升的水與步驟❶的葉子。煮滾後，倒入豆漿加熱，再調入味噌。

蛋白質	醣
6.9g	7.5g

熱量 105kcal

讓半份漢堡排絞肉與油豆腐搭配
增加分量同時聰明省錢
利用優格與豆漿補充不足的蛋白質。

馬鈴薯泥火腿沙拉

香煎大頭菜豆漿味增湯

套餐（1 人份）

蛋白質	醣
32.2g	12.5g

熱量 556kcal

起司油豆腐漢堡排

雞柳油豆腐味噌照燒煮套餐食譜

烹調者：堀江ひろ子、堀江佐和子

[主菜]

裹滿甜甜鹹鹹的味噌實在美味！省錢、蛋白質含量又高

雞柳油豆腐味噌照燒煮

蛋白質 27g　醣 22.3g

| 熱量 323kcal |

材料（2人份）

雞柳：3條（150公克）
油豆腐：1片
太白粉：適量
A［味噌、砂糖、味醂：各1大匙
　醬油：1小匙
　水：100毫升
沙拉油：少許
茼蒿菜：1/2把

烹調方式

❶ 先替雞柳去筋，再橫刀片成薄片，油豆腐切成4塊。

❷ 在油豆腐的切口以及雞柳裹上一層薄薄的太白粉後，將沙拉油倒入平底鍋熱油，再以切口朝下的方向，放入油豆腐油煎，雞柳則是煎至兩面變色。倒入食材A後，以中小火收乾湯汁，並在過程中不時讓食材翻面。

❸ 將茼蒿菜切成兩半，鋪在盤底，再視個人口味撒點七味粉。

[配菜]

利用削皮刀將根莖類蔬菜刨成薄片，為這道沙拉增加分量

白蘿蔔與胡蘿蔔薄片日式沙拉

蛋白質 1.6g　醣 4.2g

| 熱量 66kcal |

材料（2人份）

白蘿蔔：100公克
胡蘿蔔：100公克
A［醬油：醋、沙拉油：各2小匙
柴魚片：2.5公克

烹調方式

❶ 先以削皮刀將白蘿蔔與胡蘿蔔刨成薄片，快速汆燙後放涼再盛盤。

❷ 將調勻的食材A淋在步驟❶的食材上，再撒上柴魚片。

[湯品]

讓香氣宜人的茼蒿與蛋白質豐富的豆腐組成一道菜

茼蒿豆腐泥

蛋白質 5.4g　醣 5.3g

| 熱量 91kcal |

材料（2人份）

茼蒿的莖部：1把量
茼蒿的葉子：1/2把量
嫩豆腐：100公克
A［白芝麻粉：1大匙
　味噌、砂糖：各2小匙

烹調方式

❶ 茼蒿先汆燙，再放入水裡降溫。擠乾水分後，切成2公分長的小段。

❷ 將瀝乾水分的豆腐放入大碗，再倒入食材A，攪拌成綿滑的質地後，再拌入步驟❶的食材。

12

光是主菜就能攝取到27公克的蛋白質
一把茼蒿就能同時替主菜與配菜增加風味
而且很省錢！

白蘿蔔與胡蘿蔔
薄片日式沙拉

茼蒿豆腐泥

套餐(1人份)

蛋白質	醣
34g	32.2g

熱量 480kcal

雞柳油豆腐味噌照燒煮

絞肉鮪魚萵苣燒賣套餐食譜

烹調者：沼津里惠

利用萵苣隨手包成的燒賣不會用到太多食材
只需放進微波爐加熱，烹調過程超輕鬆！
利用兩道配菜增加蛋白質含量

套餐(1人份)

蛋白質	醣
31.8g	8.3g

熱量 482kcal

絞肉木棉豆腐

鱈寶海帶芽佐
韓式辣椒醬

絞肉鮪魚萵苣燒賣

[主菜] 利用萵苣代替燒賣皮

絞肉鮪魚
萵苣燒賣

蛋白質	醣
17.2g	2.7g

| 熱量 289kcal |

材料(2人份)

豬絞肉：150公克
鮪魚罐頭：1小罐
萵苣：3瓣

A
- 薑泥：1小匙
- 麻油、太白粉：各1/2大匙
- 鹽：1/3小匙
- 胡椒：少許

烹調方式

❶ 將絞肉、瀝乾湯汁的鮪魚肉、食材A倒入大碗後
攪拌均勻，再分成8等分揉成肉球。

❷ 將萵苣撕成適當大小，包在步驟❶的肉球外面，
然後排在耐熱碗裡，輕輕罩上一層保鮮膜，再送
入微波爐加熱3分鐘。

[配菜] 利用便宜的食材製做韓式小菜

鱈寶海帶芽
佐韓式辣椒醬

蛋白質	醣
2.7g	3.8g

| 熱量 48kcal |

材料(2人份)

鱈寶：1/2片
切段的海帶芽：3公克
韓式辣椒醬：1/2小匙
麻油：1小匙

烹調方式

❶ 先將海帶芽泡在水裡，泡發後瀝乾
水分。鱈寶先切成1公分的丁狀。

❷ 將步驟❶的食材、韓式辣椒醬、麻油
倒入大碗攪拌均勻。

[配菜] 絞肉餡只要放入微波爐
加熱2分鐘就完成

絞肉木棉豆腐

蛋白質	醣
11.9g	1.8g

| 熱量 145kcal |

材料(2人份)

木棉豆腐(板豆腐)：200公克
豬絞肉：60公克

A
- 蒜泥：1/2小匙
- 味噌：1小匙
- 蠔油：1/2小匙
- 水：1大匙

烹調方式

❶ 將絞肉、食材A倒入耐熱碗攪
拌均勻，再罩上一層寬鬆的保
鮮膜，送入微波爐加熱2分鐘，
再攪拌均勻。

❷ 將切成方便入口大小的豆腐排
入盤中，淋上步驟❶的食材，再
視個人口味撒點七味粉。

日式鹽漬鯖魚漁夫料理套餐食譜

烹調者：沼津里惠

套餐(1人份)

蛋白質	醣
30.1g	11.9g

熱量 409kcal

以平價又富含蛋白質的鹽漬鯖魚為主菜
配菜則利用雞柳與優格補充蛋白質

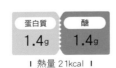

汆燙雞柳南瓜沙拉

優格小黃瓜
火腿涼拌菜

日式鹽漬鯖魚
漁夫料理

[主菜] 調味簡單，食材費低的主菜

日式鹽漬鯖魚
漁夫料理

蛋白質	醣
23.2g	2.5g

┃ 熱量 292kcal ┃

材料(2人份)

鹽漬鯖魚(半片)：淨重200公克
四季豆：2根
小番茄：4顆
蒜末：1小匙

A {
酒、水：各2大匙
胡椒：少許
}
橄欖油：1小匙

烹調方式

❶ 將鹽漬鯖魚切成4等分，四季豆切成3等分。

❷ 將橄欖油倒入平底鍋熱油後，以魚皮朝下的方式
放入鯖魚煎1~2分鐘，煎至變色後翻面，撒入蒜末
再煎1分鐘。

❸ 倒入四季豆、小番茄與食材A。煮滾後，蓋上鍋蓋，
以中小火悶煎8分鐘。

[配菜] 只需要微波加熱，烹調過程簡單輕鬆

汆燙雞柳
南瓜沙拉

蛋白質	醣
5.5g	8.0g

┃ 熱量 96kcal ┃

材料(2人份)

雞柳：1條(50公克)　　胡椒：少許
南瓜：100公克　　　　橄欖油：2小匙
鹽：適量　　　　　　　檸檬汁：1小匙

烹調方式

❶ 雞柳先去筋與去除薄膜。南瓜先切成一口大小。

❷ 將步驟❶的食材放入耐熱容器後，撒入些許鹽
與胡椒，再罩上一層寬鬆的保鮮膜，放入微波爐
加熱3分鐘，再拿出來等待餘熱消散。

❸ 將雞柳撕成小塊，再與橄欖油、檸檬汁拌勻。最
後以些許鹽調味。

[配菜] 利用富含蛋白質的優格製做西式醃漬料理

優格小黃瓜
火腿涼拌菜

蛋白質	醣
1.4g	1.4g

┃ 熱量 21kcal ┃

材料(2人份)

小黃瓜：1根
火腿：1片
原味優格：1大匙
鹽：1/4小匙

烹調方式

❶ 小黃瓜先以滾刀切條，火腿切成細條。

❷ 將步驟❶的食材、原味優格、鹽倒入
保鮮袋，均勻揉醃後，放入冰箱冷藏
30分鐘。

味噌奶油紙包雞柳套餐食譜

烹調者：沼津里惠

主菜只會用到微波爐簡單又輕鬆！
盡可能減少食材與調味料
充分應用食材的鮮味是省錢絕招

綠蘆筍佐豆腐
塔塔醬

梅肉豆腐
昆布絲湯

味噌奶油紙包雞柳

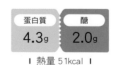

套餐(1人份)

蛋白質	醣
30.6g	10.3g

熱量 298kcal

[主菜] 味噌與味醂調成的醬汁濃郁又豐厚

味噌奶油紙包雞柳

蛋白質	醣
21.4g	7.0g

I 熱量 172kcal I

材料（2人份）

雞柳：4條（200公克）
高麗菜：80公克
鴻喜菇：50公克
A 味噌、味醂：各1大匙
奶油：10公克

烹調方式

❶ 雞柳先去筋與去除薄膜。高麗菜撕成適當大小，鴻喜菇先拆散。

❷ 將兩張烘焙紙攤平，再將分成等分的高麗菜、鴻喜菇與雞柳依序分別鋪在這兩張烘焙紙上面，然後將調勻的食材A與奶油，等量分別淋在兩邊的食材上。接著像是捲糖果紙一樣，從烘焙紙的兩端開始捲，讓烘焙紙包住食材，再送入微波爐加熱5分鐘。

[配菜] 利用雞蛋與豆腐製成的塔塔醬營造清爽風味

綠蘆筍佐豆腐塔塔醬

蛋白質	醣
4.9g	1.3g

I 熱量 75kcal I

材料（2人份）

綠蘆筍：4根
嫩豆腐：50公克
水煮蛋：1顆
A 醋：1小匙
　美乃滋：1/2小匙
　鹽、胡椒：各少許
橄欖油：1/2小匙

烹調方式

❶ 綠蘆筍先切成一半長度。以平底鍋加熱橄欖油之後，放入綠蘆筍，煎出焦色再盛盤。

❷ 將豆腐與水煮蛋倒入大碗碾成泥，再倒入食材A拌成塔塔醬。將塔塔醬淋在步驟❶的食材上。

[湯品] 將食材倒入碗中並倒入沸水就完成了！

梅肉豆腐昆布絲湯

蛋白質	醣
4.3g	2.0g

I 熱量 51kcal I

材料（2人份）

嫩豆腐：150公克
昆布絲：5公克
梅乾：1顆
醬油：1小匙

烹調方式

❶ 將切成骰子狀的豆腐、昆布絲、梅乾、醬油等量倒入兩個容器，再分別注入150毫升的熱水。

雞胸肉山藥微波蒸梅肉套餐食譜

烹調者：沼津里惠

套餐(1人份)

蛋白質	醣
30.3g	13.2g

熱量 389kcal

醃蘿蔔
納豆豆皮包

味噌茄子鮪魚

雞胸肉山藥
微波蒸梅肉

雞胸肉蛋白質含量高又很便宜
搭配山藥能提升口感
配菜可使用一次大量購買的鮪魚肉與納豆

[主菜] 以微波爐加熱，便宜的
雞胸肉也能保留肉汁

雞胸肉山藥
微波蒸梅肉

蛋白質	醣
18.4g	9.6g

| 熱量 179kcal |

材料(2人份)

雞胸肉：200公克
山藥：150公克
梅乾：1顆
鹽：1/5小匙
酒：1大匙

烹調方式

❶ 先將雞肉切成薄片，撒鹽醃漬，再將山藥切成1公
分厚的圓片。

❷ 將雞肉與山藥交互排入耐熱盤，淋酒，再撒入用手
撕成小塊的梅肉。罩上一層寬鬆的保鮮膜，放進
加熱4分鐘。

[配菜] 富含蛋白質的鮪魚增添風味

味噌茄子鮪魚

蛋白質	醣
2.9g	1.3g

| 熱量 73kcal |

材料(2人份)

茄子：1顆
鮪魚罐頭：1/2小罐
味噌：1/2小匙
沙拉油：1小匙

烹調方式

❶ 將茄子剖成兩半，再以斜刀切成1公分的薄片。

❷ 將沙拉油倒入平底鍋加熱後，倒入步驟❶的食材
炒至變軟，再倒入瀝乾湯汁的鮪魚肉與味噌一同
拌炒。盛盤後，視個人口味撒點七味粉或辣椒粉。

[配菜] 僅用 3 種食材就能製成高蛋白配菜

醃蘿蔔納豆
豆皮包

蛋白質	醣
9.0g	2.3g

| 熱量 137kcal |

材料(2人份)

豆皮：2片
納豆：60公克
醃蘿蔔碎塊：20公克

烹調方式

❶ 沿著豆皮的長邊切成3等分。

❷ 將步驟❶切出來的中央部分切成碎塊，再與納豆、醃蘿蔔拌在一起。

❸ 張開剩下的豆皮，再放進平底鍋乾煎一下表面，再將步驟❷的食材平
均塞進豆皮。

起司鹽味鯖魚佐夏季蔬菜套餐食譜

烹調者：檢見崎聰美

主菜利用微波爐加熱同時
順便烹調油漬高麗菜與馬鈴薯會更有效率
湯品則使用富含蛋白質的優格代替

起司鹽味鯖魚
佐夏季蔬菜

優格蔬菜湯

油漬高麗菜與馬鈴薯

套餐（1 人份）

蛋白質	醣
30.2g	19.2g

熱量 540kcal

[主菜] 鯖魚與番茄、調味蔬菜非常對味

起司鹽味鯖魚佐夏季蔬菜

蛋白質	醣
21.1g	4.5g

| 熱量 265kcal |

材料（2 人份）

鹽味鯖魚（半片）：淨重160公克　　胡椒：少許
番茄：1/2顆（100公克）　　　　　酒：1大匙
芹菜：40公克　　　　　　　　　披薩專用起司：20公克
洋蔥：50公克

烹調方式

❶ 番茄先切成1/4半圓形的塊狀，芹菜先斜切成薄片，洋蔥也切成薄片。

❷ 將鹽味鯖魚切成一半，撒點胡椒，再分別放入不同的耐熱容器，然後將步驟❶的食材均勻鋪在上面，淋點酒，撒上披薩專用起司。罩一層寬鬆的保鮮膜後，分別送入微波爐加熱1分鐘20秒，再悶蒸5分鐘。撕掉保鮮膜之後，可撒一點乾燥歐芹增添香味。

[配菜] 用家裡就有的食材創造變化的省錢菜色

油漬高麗菜與馬鈴薯

蛋白質	醣
5.5g	8.2g

| 熱量 210kcal |

材料（2 人份）

高麗菜：150公克
馬鈴薯：1顆（120公克）
維也納香腸：4根（80公克）
A ┌ 橄欖油：2小匙
　├ 鹽、胡椒：各少許
　└ 醋：2小匙

烹調方式

❶ 高麗菜切成2公分塊狀，馬鈴薯切成略小的一口，香腸切成2公分長。

❷ 煮一鍋熱水後，放入馬鈴薯，煮軟後加入香腸。等到湯汁煮滾，再倒入高麗菜，然後立刻撈起來瀝乾湯汁，再依序加入食材A的各項食材。

[湯品] 吃得到新鮮蔬菜的清脆口感

蛋白質	醣
3.6g	6.5g

| 熱量 65kcal |

優格蔬菜湯

材料（2 人份）

小黃瓜：50公克
洋蔥：25公克
原味優格：200公克
高湯塊：1/4塊
鹽、胡椒：各少許

烹調方式

❶ 利用100毫升的熱水調開高湯塊，再靜置放涼。

❷ 將小黃瓜切成4塊，再切成5公釐厚的薄片。洋蔥先切成末。

❸ 將原味優格倒入步驟❶的食材，攪拌均勻後，以鹽、胡椒調味，再倒入步驟❷的食材。盛盤後，可視個人口味撒點紅椒粉。

大量使用新洋蔥的南蠻雞肉 套餐食譜

烹調者：沼津理惠

套餐（1人份）

蛋白質	醣
31.5g	**16.3**g

熱量 371kcal

海潮味香烤起司竹輪

嚴選食材並搭配好調味料
就可以平均地使用蛋白質食材

牛蒡雞蛋沙拉

大量使用新洋蔥的南蠻雞肉

[主菜] 冷藏等待入味是重點

大量使用新洋蔥的南蠻雞肉

材料（2人份）

雞胸肉：200公克
新洋蔥：100公克

A ┌ 柴魚片：2公克
　├ 酸橘醋醬油：3大匙
　└ 水：1大匙

蛋白質	醣
19.1g	**6.2**g

┃ 熱量 169kcal ┃

烹調方式

❶ 先將雞肉片成薄片，再將新洋蔥切成薄片。

❷ 將步驟❶的食材攤在耐熱盤的盤底，淋上食材A，再罩一層寬鬆的保鮮膜，送進微波爐加熱3分鐘。待餘熱消退後，放進冰箱冷藏。盛盤後，可附上生菜再享用。

[配菜] 利用海藻粉增加風味

海潮味香烤起司竹輪

蛋白質	醣
9.0g	**6.5**g

┃ 熱量 105kcal ┃

材料（2人份）

竹輪：3根
披薩專用起司：30公克
海藻粉：1小匙

烹調方式

❶ 竹輪先剖成一半。

❷ 將披薩專用起司分成6等分，再以適當的間距排入平底鍋，撒上海藻粉，再以切口朝下的方向將步驟❶的食材放在起司上面。加熱至起司融化，變得香脆為止。

[配菜] 利用口感十足的牛蒡增加飽足感！

牛蒡雞蛋沙拉

蛋白質	醣
3.4g	**3.6**g

┃ 熱量 97kcal ┃

材料（2人份）

牛蒡：80公克
水煮蛋：1顆

A ┌ 美乃滋：1大匙
　└ 鹽、胡椒：各少許

烹調方式

❶ 先用擀麵棍將牛蒡拍裂，再切成5公分長。放進沸水煮軟後，撈起來備用。

❷ 將水煮蛋放入大碗搗散，再拌入步驟❶的食材與食材A。

蛋白質食材套餐食譜

由於富含蛋白質的食材通常比較貴，所以人們總是較常使用便宜的雞胸肉或是豬碎肉當主菜。不過，只要動點腦筋，使用不同的食材搭配，就能換成其他的蛋白質食材！接下來為大家介紹以各種蛋白質食材設計的高蛋白平價套餐食譜。

薑汁雞肉套餐食譜

雞肉 主菜

烹調者：堀江ひろ子、堀江佐和子

[主菜]

分量十足的雞胸肉，一塊就能補充 20 公克以上的蛋白質！

薑汁雞肉

材料（2人份）

雞胸肉：1塊（250公克）
青椒：3顆
豆芽菜：1包
A
┌ 薑末：10公克
├ 醬油、太白粉：各1又1/2大匙
├ 美乃滋：1大匙
└ 砂糖：2小匙
鹽、胡椒：各少許
沙拉油：適量

烹調方式

❶ 雞肉先去皮（用來煮湯），再切成較大塊的雞肉片。將食材A倒入大碗調勻後，放入雞肉均勻揉醃。青椒先切成細條。

❷ 將少許沙拉油倒入平底鍋加熱，再將步驟❶的雞肉攤在鍋底，煎至兩面變色後挾出來備用。

❸ 將青椒與豆芽菜倒入步驟❷的平底鍋，再倒入少許沙拉油，然後以鹽、胡椒調味。盛盤後，將步驟❷的食材鋪在上面。

蛋白質	醣
21.7g	12.5g

| 熱量 224kcal |

[配菜]

利用口感滿分的根莖類蔬菜製做優格風味的西式芝麻涼拌菜

牛蒡佐優格醬

材料（2人份）

牛蒡：60公克
胡蘿蔔：1/2根
鹽：少許
醋：1大匙
A
┌ 白芝麻粉：2大匙
├ 原味優格：4大匙
├ 砂糖：1小匙
└ 鹽：少許

烹調方式

❶ 牛蒡先剖成一半，再斜切成片。胡蘿蔔也以相同方式切片。

❷ 煮一鍋熱水，再倒入鹽、醋與步驟❶的食材，煮到適當的軟硬度之後，撈起來放涼。

❸ 將食材A倒入大碗調勻，再拌入步驟❷的食材。

蛋白質	醣
3.3g	8.3g

| 熱量 103kcal |

[湯品]

利用主菜剩下來的雞皮以及山藥、蛋液，煮出口感多層次的湯品

山藥泥蛋花湯

材料（2人份）

山藥：80公克
雞蛋：1顆
雞皮（主菜用剩的）：1塊
A
┌ 高湯：300毫升
├ 酒：1/2大匙
└ 鹽：1/3小匙
蔥花：少許

烹調方式

❶ 山藥先磨成泥，再與雞蛋調勻。

❷ 將薑汁雞肉這道主菜剩下來的雞皮切成細塊，放入鍋中，倒入食材A煮滾，再倒回步驟❶的食材。盛盤後，撒點蔥花。

蛋白質	醣
5.4g	5.4g

| 熱量 179kcal |

蛋白質食材套餐食譜（雞肉）

山藥泥蛋花湯

牛蒡佐優格醬

薑汁雞肉

利用去皮的雞胸肉烹調薑汁雞肉這道主菜，
雞皮可替湯品增加鮮味，
配菜則以富含蛋白質的優格營造清爽風味！

套餐（1人份）

蛋白質	醣
30.4g	26.2g

熱量 506kcal

21

香煎雞肉佐鮪魚醬套餐食譜

烹調者：檢見崎聰美

同時使用雞胸肉與鮪魚兩種富含蛋白質的食材
光是主菜，蛋白質含量就高達 29.7 公克！
同時透過配菜與湯品攝取足夠蔬菜

四季豆番茄沙拉

高麗菜咖哩牛奶湯

套餐（1 人份）

蛋白質	醣
32.9g	21.0g

熱量 530kcal

香煎雞肉佐鮪魚醬

[主菜] 利用鮪魚美乃滋這種沙拉醬讓主菜變得更順口

香煎雞肉佐鮪魚醬

蛋白質	醣
29.7g	11.7g

| 熱量 382kcal |

材料（2 人份）

雞胸肉（去皮）：1塊（240公克）
鹽、胡椒：各少許
麵粉：適量
洋蔥：50公克

鮪魚罐頭（瀝乾湯汁）：
A ┤ 美乃滋：2大匙
　　胡椒：少許
沙拉油：1/2 大匙

烹調方式

❶ 在雞肉較厚的部分劃一刀，讓雞肉攤開再切成兩半，然後撒鹽與胡椒。輕輕拍上一層薄薄的麵粉後，放入熱好沙拉油的平底鍋，煎至兩面變色為止再盛盤。

❷ 洋蔥先切成末，再與食材A拌勻。淋在步驟❶的食材後，可在一旁附上皺葉生菜以及乾燥歐芹。

[配菜] 清脆的四季豆替這道料理增添了重點口感

四季豆番茄沙拉

蛋白質	醣
0.8g	3.8g

| 熱量 60kcal |

材料（2 人份）

四季豆：80公克
番茄：1/2顆（100公克）
A ┤ 洋蔥末：25公克
　　橄欖油、醋：各2小匙
　　鹽、胡椒：各少許

烹調方式

❶ 四季豆先切成2公分長再煮熟。

❷ 將切成1公分丁狀的番茄倒入大碗，再拌入食材A與步驟❶的食材。

[湯品] 利用富含蛋白質的牛奶增加滑潤口感

蛋白質	醣
2.4g	5.5g

| 熱量 88kcal |

高麗菜咖哩牛奶湯

材料（2 人份）

高麗菜：150公克
咖哩粉：1小匙
高湯粉：1/2塊
月桂葉：1/2瓣
牛奶：100毫升
鹽：胡椒：各少許
橄欖油：2小匙

烹調方式

❶ 高麗菜先切成一口大小，再放入熱好橄欖油的鍋中炒軟。

❷ 撒入咖哩粉，拌炒一下。倒入200毫升熱水、加入月桂葉，煮2~3分鐘。

❸ 倒入牛奶煮滾後，以鹽、胡椒調味。

雞翅膀雞蛋佐伍斯特醬套餐食譜

烹調者：堀江幸子

伍斯特風味的肉與雞蛋很有香料的味道
配菜使用納豆，湯品則用了豆皮
這套大量使用大豆製品的套餐
蛋白質含量竟高達 40.1 公克！

小松菜豆皮小魚乾
味噌湯

舞菇辛奇納豆

套餐（1人份）

蛋白質	醣
40.1g	26.4g

熱量 648kcal

雞翅膀雞蛋佐伍斯特醬

【主菜】 裹粉可讓醬汁更容易巴附！

雞翅膀雞蛋佐伍斯特醬

蛋白質	醣
26.9g	19.8g

｜ 熱量 465kcal ｜

材料（2人份）

雞翅膀：6隻（1隻約70~80公克）　　沙拉油：適量
水煮蛋：2顆　　　　　　　　　　　蘿蔔嬰：1包
伍斯特醬：60毫升
鹽、胡椒、太白粉：各適量

烹調方式

❶ 將伍斯特醬倒入保鮮袋，再將剝好殼的水煮蛋放進去，然後擠出空氣，封緊袋口。

❷ 依照鹽、胡椒、太白粉的順序替雞翅膀裹粉。在平底鍋倒入深度為1公分左右的沙拉油。熱好油之後，放入雞翅膀，以半煎半炸的方式炸熟。

❸ 從步驟❶的食材挖3大匙醬汁到大碗，再將剛炸好的步驟❷食材放進去裹2~3次醬汁。將步驟❶的雞蛋切成兩半，再與雞翅膀一併盛盤，最後附上蘿蔔嬰即可。

【配菜】 讓對味的發酵食品互相搭配

舞菇辛奇納豆

蛋白質	醣
7.2g	3.6g

｜ 熱量 98kcal ｜

材料（2人份）

舞菇：1包（100公克）
白菜辛奇：50公克
納豆（附醬）：2盒
白熟芝麻：適量

烹調方式

❶ 將舞菇拆成小朵，放入耐熱容器，罩上一層寬鬆的保鮮膜，送入微波爐加熱1~2分鐘。

❷ 將辛奇、納豆、納豆附的醬、步驟❶的食材倒入大碗攪拌均勻。盛盤後，撒點芝麻。

【湯品】 活用小魚乾的鮮美

小松菜豆皮小魚乾味噌湯

蛋白質	醣
6.0g	3.0g

｜ 熱量 85kcal ｜

材料（2人份）

小松菜：100公克
豆皮：1塊（25公克）
小魚乾：1大匙
高湯：400毫升
味噌：1又1/2大匙

烹調方式

❶ 小松菜切成4~5公分長，豆皮先橫切成兩半，再切成1公分寬的片狀。

❷ 將高湯倒入鍋中加熱，再倒入步驟❶與小魚乾。煮滾後，調入味噌即可。

雞胸肉蔬菜涮涮鍋套餐食譜

這是能攝取大量蔬菜的火鍋套餐
將火鍋沒用到的雞皮、胡蘿蔔的芯、水菜
當成配菜使用，就能以不多的食材變出新花樣

鹿尾菜蓮藕燉菜

蘿蔔乾沙拉

雞胸肉蔬菜
涮涮鍋

套餐（1人份）

蛋白質	醣
33.6g	29.0g

I 熱量 488kcal I

[**主菜**] 利用削皮器將根莖類蔬菜刨成薄片，就能快速煮熟

雞胸肉蔬菜涮涮鍋

蛋白質	醣
25.9g	10.7g

I 熱量 189kcal I

材料（2人份）

雞胸肉：1塊（300公克）
白蘿蔔：200公克
胡蘿蔔：1根
水菜：3/4把

高湯昆布（10公見方）：1片
酒：1大匙
酸橘醋醬油：適量

烹調方式

❶ 雞肉先去掉雞皮（準備於燉煮類的配菜使用），再切成大塊。利用削皮刀將白蘿蔔與胡蘿蔔刨成薄片（胡蘿蔔的芯將於燉煮類的配菜使用）。水菜切成5公分長。

❷ 將適量的高湯昆布、酒、水倒入鍋中煮滾，再一邊涮熱步驟❶的食材，一邊沾著酸橘醋吃。

[**配菜**] 以火鍋用剩的胡蘿蔔替料理增色

鹿尾菜蓮藕燉菜

蛋白質	醣
3.7g	10.6g

I 熱量 205kcal I

材料（2人份）

乾燥鹿尾菜：15公克
蓮藕：50公克
胡蘿蔔（主菜用剩的部分）：1根量
雞皮（主菜用剩的雞皮）：1塊量

高湯：100毫升
砂糖、醬油、酒：
各1大匙多一點
沙拉油：少許

烹調方式

❶ 鹿尾菜先用水泡發再瀝乾水分。蓮藕先切成半圓形片狀，胡蘿蔔的芯切成細條。

❷ 將雞皮切細，再以沙拉油煎過。接著依序放入鹿尾菜、高湯、砂糖、醬油、酒煮10分鐘。

❸ 放入蓮藕、胡蘿蔔再煮5~6分鐘。

[**配菜**] 利用水菜替沙拉增加分量

蘿蔔乾沙拉

蛋白質	醣
4.0g	7.7g

I 熱量 94kcal I

材料（2人份）

蘿蔔乾：20公克
螃蟹風味的魚板：4根
水菜：1/4把
A[醬油、醋、麻油：各2小匙]

烹調方式

❶ 蘿蔔乾先在水裡搓洗，再撈出來靜置10分鐘，然後切成塊。魚板先切成一半再拆散。水菜切成3公分長。

❷ 將蘿蔔乾與食材A倒入大碗拌勻，再拌入魚板與水菜。

雞肉白蘿蔔龍田揚套餐食譜

烹調者：堀江幸子

讓超受歡迎的龍田揚與多汁的白蘿蔔搭配
配菜與湯品的調味保持簡單
再利用雞蛋與油豆腐補充蛋白質

大頭菜油豆腐味噌湯

蔥花煎蛋

套餐(1人份)

蛋白質	醣
43.2g	31.1g

熱量 909kcal

雞肉白蘿蔔龍田揚

[主菜] 醃製入味又香酥的主菜

雞肉白蘿蔔龍田揚

材料(2人份)

雞腿肉：1塊（330公克）
白蘿蔔：1/5根
A［薑末、蒜末：各1瓣量
　醬油：2大匙
　酒：1大匙
太白粉：適量
沙拉油：適量

蛋白質	醣
29.6g	24.7g

熱量 665kcal

烹調方式

❶ 雞肉切成一口大小，白蘿蔔切成1公分厚的半月形。

❷ 將食材A倒入保鮮袋調勻後，倒入步驟❶的食材輕輕揉醃。擠出袋中空氣後封口，靜置30分鐘以上，等待醃漬入味。

❸ 在平底鍋倒入深度1公分的沙拉油。熱油後，放入表面裹了一層太白粉的步驟❷食材，以半煎半炸的方式炸熟。盛盤後，視個人口味附上檸檬或是其他生菜。

[湯品] 大塊的湯料能營造美妙口感

大頭菜油豆腐味噌湯

蛋白質	醣
4.8g	5.3g

熱量 21kcal

材料(2人份)

大頭菜（帶葉）：2顆
油豆腐：1/3塊（50公克）
高湯：400毫升
味噌：1又1/2大匙

烹調方式

❶ 大頭菜先切掉部分葉子，保留3公分左右的莖部，然後切成半月形。油豆腐先橫刀切成兩半，再切成1公分厚的片狀。

❷ 將高湯與步驟❶的食材倒入鍋中加熱。大頭菜煮熟後，調入味噌。

[配菜] 煎蛋是最能補充蛋白質的配菜

蔥花煎蛋

蛋白質	醣
8.8g	1.1g

熱量 166kcal

材料(2人份)

雞蛋：3顆
A［蔥花：6~8根量
　白高湯：2小匙
　水：1大匙
沙拉油：適量

烹調方式

❶ 在大碗將雞蛋打成蛋液後，拌入食材A。

❷ 利用煎蛋專用平底鍋加熱沙拉，再分次倒入步驟❶的食材，做成厚煎蛋。等待餘熱散去後，切成方便入口的大小。

糖醋雞腿肉小黃瓜套餐食譜

烹調者：檢見崎聰美

主菜只用了兩種食材，所以能輕鬆完成！
光是一塊雞腿肉就能補充滿滿的蛋白質
焦香的配菜與甜甜的湯汁能維持風味的整體性

南瓜鴻喜菇味噌湯

微波茄子與香煎
豆皮佐柴魚片

糖醋雞腿肉小黃瓜

[主菜] 恰到好處的酸甜風味讓人欲罷不能！

糖醋雞腿肉小黃瓜

蛋白質	醣
23.1g	3.7g

❘ 熱量 206kcal ❘

材料（2人份）

雞腿肉（去皮）：1塊（280公克）
小黃瓜：1根（80公克）
A｜醋：2大匙
　｜砂糖：1/2大匙
　｜鹽：1/4小匙
　｜太白粉：1/3小匙
麻油：1/2大匙

烹調方式

❶ 雞肉切成7~8公釐厚的一口大小。小黃瓜先以削皮刀刨出條紋，再以滾刀切塊。食材A先調勻。

❷ 以平底鍋加熱麻油後，放入雞肉炒熟，再倒入小黃瓜拌炒。最後拌入食材A調味。

[配菜] 利用香酥的豆皮增加味道的層次與變化

微波茄子與香煎豆皮佐柴魚片

蛋白質	醣
6.9g	2.1g

❘ 熱量 87kcal ❘

材料（2人份）

茄子：2顆
豆皮：1塊（40公克）
A｜高湯：1大匙
　｜醬油：1小匙
柴魚片：5公克

烹調方式

❶ 茄子先切掉蒂頭，再以保鮮膜包覆，放入微波爐加熱4分鐘。放涼後，滾刀切塊。豆皮先放入熱水去油再擠乾水分。煎得酥香後切成細條。

❷ 將步驟❶的食材倒入大碗，再拌入調勻的食材A與柴魚片。

套餐（1人份）

蛋白質	醣
31.9g	16.1g

熱量 350kcal

[湯品] 香醇的湯品與清爽的熱炒菜相當對味

蛋白質	醣
1.9g	10.3g

❘ 熱量 57kcal ❘

南瓜鴻喜菇味噌湯

材料（2人份）

南瓜：淨重100公克
鴻喜菇：40公克
高湯：300毫升
味噌：2小匙

烹調方式

❶ 南瓜切成5公釐厚的一口大小。鴻喜菇拆成小朵。

❷ 將高湯倒入鍋中煮滾後，倒入步驟❶的食材。待食材煮熟，調勻味噌。

香煎雞肉佐優格歐芹醬套餐食譜

烹調者：沼津理惠

套餐（1人份）

蛋白質	醣
35.5g	15.6g

熱量 443kcal

豆漿玉米蛋花湯

香煎芝麻味噌
起司櫛瓜

香煎雞肉佐優
格歐芹醬

以合理的價錢補充滿滿的蛋白質
雞胸肉只需簡單煎熟，醬汁則可稍微花心思製做
配菜則利用起司、雞蛋、豆漿補充蛋白質

[主菜] 利用清爽的醬汁讓整道
料理變得更時尚

香煎雞肉佐
優格歐芹醬

蛋白質	醣
22.5g	1.3g

| 熱量 233kcal |

材料（2人份）

雞胸肉：250公克
綠蘆筍：2根
鹽：1/2小匙
胡椒：少許

A
歐芹末：適量
原味優格：2大匙
橄欖油：1/2大匙
鹽、胡椒：各少許

橄欖油：1/2大匙

烹調方式

❶ 在雞肉較厚的部位劃入刀口，攤平後，撒鹽與胡叔。綠
蘆筍切成4等分。

❷ 利用平底鍋加熱橄欖油，再放入步驟❶的食材，一邊翻
面，一邊以中小火慢煎7分鐘。雞肉切成方便入口的大
小後，與綠蘆筍一起盛盤。

❸ 將調勻的食材A淋在步驟❷的食材上面。

[配菜] 芝麻的焦香味是
這道菜的重點！

香煎芝麻
味噌起司櫛瓜

蛋白質	醣
4.1g	1.2g

| 熱量 64kcal |

材料（2人份）

櫛瓜：1/2根　　　　味噌：1/2小匙
白熟芝麻：1/2小匙　披薩專用起司：30公克

烹調方式

❶ 櫛瓜先剖半，再讓切口朝上，抹上味噌，以及撒上
披薩專用起司與白芝麻。

❷ 利用烤魚架或是烤箱烤到起司融化，發出焦香味
為止。

[湯品] 利用豆漿讓味道濃厚的
奶油玉米變得溫潤

豆漿玉米蛋花湯

蛋白質	醣
8.9g	13.1g

| 熱量 146kcal |

材料（2人份）

奶油玉米：100公克
無調整豆漿：300毫升
雞蛋：1顆
鹽：1/3小匙
胡椒：少許

烹調方式

❶ 將奶油玉米、豆漿、50毫升
的水倒入鍋中加熱。

❷ 加熱完畢後，均勻淋入蛋
液，再以鹽、胡椒調味。盛
入碗中，再點綴些許歐芹。

起司坦都里雞肉捲套餐食譜

烹調者：檢見崎聰美

利用雞肉包住起司，補充大量蛋白質
運用鳳梨沙拉與冷湯搭出色彩繽紛的夏季菜色

罐頭番茄製成的
西班牙冷湯

胡蘿蔔鳳梨優格沙拉

起司坦都里
雞肉捲

[主菜] 利用咖哩風味讓雞肉保持濕潤軟嫩

起司坦都里
雞肉捲

蛋白質	醣
31.8g	5.1g

| 熱量 299kcal |

材料（2人份）

雞胸肉：1塊（300公克）
加工起司：40公克

A
鹽：1/4 小匙
胡椒：少許
咖哩粉：2小匙

B
原味優格：60公克
番茄醬：1大匙
醬油：1/2 大匙

烹調方式

❶ 先在雞肉較厚的部位劃入刀口。攤平後，以食材A揉醃。

❷ 將食材B倒入保鮮袋攪拌均勻，再放入步驟❶的食材，讓食材表面均勻沾裹醃料，再靜置30~40分鐘。起司先切成條狀。

❸ 取出雞肉，再以雞皮朝下的方式將雞肉攤在保鮮膜上面，然後將起司包起來。利用牙籤固定後，再包一層保鮮膜。放在耐熱盤上面，送入微波爐加熱4分鐘。放涼後切塊與盛盤，亦可附上歐芹當裝飾。

[配菜] 運用罐頭鳳梨與優格營造清爽的甜味

胡蘿蔔鳳梨
優格沙拉

蛋白質	醣
2.0g	9.3g

| 熱量 84kcal |

材料（2人份）

胡蘿蔔：100公克
罐頭鳳梨：1塊（40公克）
原味優格：100公克
鹽、胡椒：各少許
橄欖油：1/2 大匙

烹調方式

❶ 胡蘿蔔先切成細條，再放入熱好橄欖油的平底鍋，炒到變軟為止。撒點鹽與胡椒調味再放涼備用。

❷ 將切成小塊的鳳梨倒入大碗，再拌入步驟❶的食材與原味優格。

起司坦都里
雞肉捲

套餐（1人份）

蛋白質	醣
37.7g	18.4g

| 熱量 462kcal |

[湯品] 只需要放涼與攪拌！

蛋白質	醣
3.9g	4g

罐頭番茄製成的
西班牙冷湯

| 熱量 79kcal |

材料（2人份）

罐頭番茄塊：200公克
洋蔥：20公克
小黃瓜：20公克
水煮蛋：1顆
鹽：少許
橄欖油：1小匙

烹調方式

❶ 先將番茄罐頭放入冰箱冷藏，再將洋蔥與小黃瓜磨成泥。

❷ 將步驟❶的食材、100毫升冷水倒入大碗，攪拌均勻後，以鹽調味。盛碗後，點綴些許水煮蛋碎塊，再淋上橄欖油。

套餐(1人份)

蛋白質	醣
41.4g	67.9g

熱量 841kcal

利用餃子皮製做的法式鹹派

玉米培根奶油濃湯

柑橘醬雞肉

柑橘醬雞肉套餐食譜

烹調者：堀江幸子

每人只需要 3 支雞翅膀就能達成攝取
15 公克蛋白質的目標！迷你法式鹹派與
玉米濃湯是很適合在節日端上桌的豪華菜色

[主菜] 裹粉再煎，就能讓甜甜鹹鹹的醬汁均勻裹附在表面

柑橘醬雞肉

蛋白質	醣
21.7g	15.7g

| 熱量 320kcal |

材料(2人份)

雞翅膀小腿：6支(1支60公克)	柑橘醬：2大匙
鹽、胡椒：各適量	白葡萄酒、水：各3大匙
麵粉：1小匙	A 各3大匙
大蒜：1瓣	醬油：2小匙
	橄欖油：2小匙

烹調方式

❶ 先用叉子在雞翅膀戳出幾個洞，再撒點鹽與胡椒，然後裹一層麵粉。先將食材A調勻。

❷ 將碾碎的大蒜與橄欖油倒入平底鍋，以小火加熱。鍋中傳出蒜香後，轉成中火，放入步驟❶的雞肉，將雞皮煎得酥香。

❸ 一邊滾動雞肉，一邊煎成均勻的焦色後，利用廚房紙巾擦乾平底鍋中的多餘油脂，再淋上食材A，蓋上鍋蓋，以小火悶煮7~8分鐘。掀開鍋蓋後，煮成照燒雞翅。盛盤後，可附上水煮綠花椰菜以及烤熟的馬鈴薯。

[配菜] 不需要製做麵糊！用電烤箱就能完成的配菜

利用餃子皮製做的法式鹹派

蛋白質	醣
11.9g	19.4g

| 熱量 243kcal |

材料(2人份)

餃子皮：4片	起司粉：2小匙
維也納香腸：2根	原味優格(瀝乾水分)：2大匙
雞蛋：2顆	粗黑胡椒粉：少許
A 牛奶：2小匙	
鹽、胡椒：各少許	

烹調方式

❶ 將餃子皮一張張鋪在鋁箔杯上面。

❷ 將切成片狀的維也納香腸放入大碗，再倒入食材A調勻後，均勻倒入步驟❶的食材之中。撒上起司粉，再放入電烤箱烤至焦香為止。

❸ 拆掉鋁箔杯，擠上原味優格，再撒點黑胡椒。

[湯品] 善用微波爐，就能瞬間完成這道料理

玉米培根奶油濃湯

蛋白質	醣
7.8g	32.8g

| 熱量 278kcal |

材料(2人份)

奶油玉米罐頭：1又1/2杯
培根片：2片
牛奶：200毫升
高湯粉：1小匙
太白粉：1/2大匙
鹽、胡椒：各適量

烹調方式

❶ 利用廚房紙巾挾住切成細條的培根，再直接放入微波爐加熱1分鐘。

❷ 將奶油玉米、牛奶、高湯粉倒入較大的耐熱容器，再罩一層寬鬆的保鮮膜，然後送入微波爐加熱3~4分鐘。

❸ 以1大匙的水調開太白粉後，拌入步驟❷的食材，送回微波爐加熱1分鐘。以鹽、胡椒調味後，盛入碗中，再撒上步驟❶的食材，亦可撒點歐芹粉。

以豬碎肉製做的熱炒糖醋肉套餐食譜

烹調者：堀江幸子

豬肉 主菜

[主菜]

根莖類蔬菜先利用微波爐處理
之後只需平底鍋加熱就能煮出健康美味的糖醋肉

以豬碎肉製做的熱炒糖醋肉

材料（2人份）

豬碎肉（瘦肉）：220公克

A
- 酒、醬油：各1小匙
- 胡椒：少許
- 太白粉：1大匙

紅椒：1顆
青椒：2顆
蓮藕：60公克

B
- 番茄醬：2大匙
- 醋、砂糖、太白粉：各1小匙
- 雞高湯粉：1/2小匙
- 水：4大匙

沙拉油：適量

烹調方式

❶ 先以食材A揉醃豬肉，再捏成一口大小。

❷ 青椒與蓮藕以滾刀切塊後，放入耐熱碗，再罩上一層寬鬆的保鮮膜，送入微波爐加熱1~2分鐘。食材B先調勻。

❸ 以平底鍋加熱沙拉油之後，放入步驟❶的食材，一邊滾動食材，一邊煎熟食材，再放入青椒、蓮藕，炒1分鐘左右，再拌入食材B，煮到質地變得濃稠為止。

蛋白質	醣
19.7g	16.6g

熱量 369kcal

[配菜]

使用雞蛋能攝取足夠的蛋白質，搭配口感柔韌的木耳

木耳炒雞蛋

材料（2人份）

乾燥木耳：4朵
蔥：1根
雞蛋：2顆
醬油：2小匙
鹽、胡椒：各適量
麻油：2小匙

烹調方式

❶ 木耳先浸水泡發，再切成一半。蔥以斜刀切成薄片。

❷ 將1小匙的麻油倒入平底鍋加熱後，倒入蛋液，再大幅攪拌。等到蛋液變得蓬鬆，取出備用。

❸ 在步驟❷的平底鍋補一小匙麻油，熱油，再倒入步驟❶的食材，炒到蔥變軟為止。均勻淋入醬油後，倒回步驟❷的食材，再以鹽、胡椒調味。

蛋白質	醣
6.7g	4.1g

熱量 137kcal

[湯品]

洋溢著雞高湯粉與竹輪的鮮味，高麗菜也很鮮甜！

竹輪高麗菜湯

材料（2人份）

高麗菜：2瓣
竹輪：2根（60公克）
雞高湯粉：2小匙
鹽、胡椒：各適量

烹調方式

❶ 高麗菜先切塊，竹輪先切成圓片。

❷ 將400毫升的水、雞高湯粉與高麗菜倒入鍋中加熱。加入竹輪後，等高麗菜煮軟再以鹽、胡椒調味。

蛋白質	醣
4.7g	7.9g

熱量 59kcal

木耳炒雞蛋

竹輪高麗菜湯

豬碎肉是便宜又富含蛋白質的食材，捏成肉丸可以鎖住湯汁，煮成口感柔軟又多汁的味道。配菜則利用雞蛋與竹輪增加分量。

套餐（1 人份）

蛋白質	醣
31.1g	28.6g

熱量 565kcal

以豬碎肉製做的熱炒糖醋肉

免油炸的輕盈豬排套餐食譜

烹調者：沼津理惠

只需要 200 公克豬碎肉就能完成這道炸豬排！
配菜使用奶油起司、湯品使用雞肉
就能補充足夠的蛋白質

蛋白質	醣
32.0g	15.6g

熱量 681kcal

起司奶油蘿蔔嬰佐柴魚片

牛蒡雞肉鮮味湯

免油炸的輕盈豬排

[主菜] 關鍵是將肉攤開均勻裹上麵衣

免油炸的輕盈豬排

蛋白質	醣
20.9g	12.1g

熱量 496kcal

材料（2 人份）

豬碎肉：200公克

A ┌ 麵包粉：1杯
　├ 起司粉、橄欖油：各1大匙
　└ 鹽：少許

橄欖油：2大匙

烹調方式

❶ 將食材A倒入淺底盤，攪拌均勻後，將豬肉攤在上面，然後用手用力壓，讓豬肉兩面都均勻沾裹食材A。

❷ 以平底鍋加熱橄欖油之後，放入步驟❶的食材，煎至兩面焦香為止。盛盤後，可附上高麗菜絲以及切成兩半的小番茄。

[配菜] 奶油起司與日式風味非常對味！

起司奶油蘿蔔嬰佐柴魚片

蛋白質	醣
2.1g	0.9g

熱量 56kcal

材料（2 人份）

蘿蔔嬰：1包
奶油起司：30公克
柴魚片：1公克
醬油：1小匙

烹調方式

❶ 蘿蔔嬰先切成一半，奶油起司先切成5公釐的丁狀。

❷ 將步驟❶的食材、柴魚片、醬油倒入大碗攪拌均勻。

[湯品] 善用雞肉與牛蒡，就不需要用調味粉增加風味

牛蒡雞肉鮮味湯

蛋白質	醣
9.0g	2.6g

熱量 129kcal

材料（2 人份）

雞腿肉：100公克
牛蒡：30公克
蔥：40公克
醬油：1小匙
鹽：1/4小匙
麻油：1小匙

烹調方式

❶ 雞肉先切成1公分丁狀。牛蒡以斜刀切成薄片，蔥切成1公分厚的蔥花。

❷ 將麻油倒入鍋中加熱後，放入雞肉拌炒至變色，再放入牛蒡與蔥花，拌炒2~3分鐘，最後倒入400毫升的水。

❸ 煮滾後，轉成小火慢煮2~3分鐘，再以醬油、鹽調味。盛碗後，可撒點蔥花。

豬肉與清炒小黃瓜套餐食譜

烹調者：沼津理惠

套餐（1人份）

蛋白質	醣
35.3g	16.0g

熱量 487kcal

主菜的豬碎肉是糖醋的生薑風味
配菜的章魚與雞蛋炒成一道簡單的料理
另一道配菜則以辛奇增加味道的變化
利用這3道菜色打造讓人吃不膩的套餐

涼拌泡菜蘿蔔
乾竹輪

滑蛋炒章魚

豬肉與清炒
小黃瓜

[主菜] 小黃瓜最後再加才能保有清脆口感！

豬肉與清炒小黃瓜

蛋白質	醣
18.2g	6.9g

熱量 304kcal

材料（2人份）

豬碎肉：200公克
小黃瓜：1根
薑：10公克
鹽：1/4小匙
胡椒：少許

A ┌ 醋：2大匙
  │ 砂糖、醬油：各1大匙
麻油：1小匙

烹調方式

❶ 在豬肉撒鹽、胡椒。小黃瓜先以滾刀切塊，薑切成絲。食材A先調勻備用。

❷ 將麻油與薑絲倒入平底鍋，以小火爆香，再放入豬肉，以中火炒至變色。接著倒入小黃瓜以及均勻淋入食材A，以大火拌炒，直到湯汁收乾為止。

[配菜] 關鍵是將雞蛋炒得蓬鬆，帶有空氣感

滑蛋炒章魚

蛋白質	醣
11.8g	1.1g

熱量 120kcal

材料（2人份）

水煮章魚：80公克
雞蛋：2顆
A ┌ 砂糖、醬油：各1/2小匙
  │ 鹽：少許
  └ 水：2大匙
麻油：1/2小匙

烹調方式

❶ 章魚先切成薄片。在大碗將雞蛋打成蛋液後，拌入食材A。

❷ 利用平底鍋熱油，再將章魚快速拌炒一下。倒入蛋液大幅度攪拌後，將蛋液炒成滑蛋。

[配菜] 利用辛奇的味道調整醬油的量

蛋白質	醣
5.3g	8.0g

熱量 63kcal

涼拌辛奇蘿蔔乾竹輪

材料（2人份）

蘿蔔乾：10公克
竹輪：2~3根（70公克）
白菜辛奇：50公克
醬油：1/4小匙

烹調方式

❶ 蘿蔔乾先泡發再切成小塊與瀝乾水分。竹輪先切成5公釐厚的圓片。

❷ 將步驟❶的食材、辛奇、醬油倒入大碗，攪拌均勻即可。

柳川風豬肉茄子套餐食譜

烹調者：檢見崎聰美

這道主菜用了豬肉與雞蛋
所以能攝取高達 23.5 公克蛋白質！
利用口感十足的車麩與地瓜
煮出讓人吃得飽飽的配菜

[主菜] 加入茄子燉煮即可享用！

柳川風豬肉茄子

蛋白質	醣
23.5g	7.5g

| 熱量 364kcal |

材料（2人份）

豬碎肉：160公克
茄子：2顆
雞蛋：3顆
A 高湯：250毫升
  醬油、味醂：各1大匙
麻油：1/2大匙

烹調方式

❶ 茄子先剖成兩半，再直刀切成5~6公釐厚的條狀。雞蛋先打成蛋液。

❷ 利用平底鍋熱油後，倒入豬肉炒熟，再倒入食材A。煮滾後，撈除浮沫，再倒入茄子，然後蓋上落蓋悶煮7~8分鐘。

❸ 茄子煮熟後，均勻淋入蛋液。煮到喜歡的熟度，視個人口味撒點山椒粉。

[配菜] 使用黏性十足的食材讓味道均勻裹附

秋葵滑菇清煮車麩

蛋白質	醣
3.7g	7.8g

| 熱量 55kcal |

材料（2人份）

秋葵：10根（80公克）
滑菇：50公克
車麩：20公克
A 高湯：200毫升
  味醂：1小匙
  醬油：1/4小匙
  鹽：少許

烹調方式

❶ 秋葵先切成1公分長，車麩先泡發再瀝乾，然後切成一口大小。

❷ 將食材A倒入鍋中調勻後加熱，再倒入車麩煮2~3分鐘。最後倒入秋葵與滑菇，再稍微煮一下即可。

秋葵滑菇清煮車麩

芝麻地瓜炒竹輪

柳川風豬肉茄子

套餐（1人份）

蛋白質	醣
34.6g	37.2g

| 熱量 595kcal |

[配菜] 以鹽巴突顯地瓜的鮮甜

芝麻地瓜炒竹輪

蛋白質	醣
7.4g	21.9g

| 熱量 176kcal |

材料（2人份）

地瓜：100公克
竹輪：3根（100公克）
鹽：少許
白熟芝麻：1大匙
沙拉油：1/2大匙

烹調方式

❶ 將連皮地瓜切成5公釐厚的半月形，再泡進水裡。竹輪以斜刀切成7~8公釐厚的薄片。

❷ 以平底鍋加熱沙拉油之後，倒入地瓜炒熟，再加入竹輪拌炒。最後以鹽調味，再撒點芝麻。

香煎起司豬碎肉套餐食譜

烹調者：檢見崎聰美

榨菜涼拌青椒馬鈴薯

小黃瓜油豆腐
火腿湯

利用常見的蔬菜與榨菜、油豆腐
煮出既便宜又讓人耳目一新的配菜

[主菜] 加入起司，增加蛋白質含量！

香煎起司豬碎肉

蛋白質	醣
25.3g	8.0g

┃ 熱量 436kcal ┃

材料（2人份）

豬碎肉：200公克
加工起司：40公克
胡蘿蔔：20公克
雞蛋：1顆

A ｜醬油：1小匙
　｜鹽、胡椒：各少許
麵粉：2大匙
沙拉油：1大匙

烹調方式

❶ 起司先切成5公釐的丁狀，胡蘿蔔則切成粗末。

❷ 將豬肉、步驟❶的食材、食材A倒入大碗，攪拌至出現黏性之後，依序倒入麵粉與蛋液，並在加入每樣食材的時候攪拌均勻。

❸ 利用平底鍋加熱沙拉油，再將捏成一口大小與扁平形狀的步驟❷食材鋪在鍋底，煎至兩面變色為止。盛盤後，可附上歐芹或小番茄。

套餐（1人份）

蛋白質	醣
33.6g	17.3g

熱量 590kcal

香煎起司豬碎肉

[配菜] 秘訣是蔬菜煮到保留口感的程度

榨菜涼拌青椒馬鈴薯

蛋白質	醣
1.0g	6.1g

┃ 熱量 56kcal ┃

材料（2人份）

青椒：3顆
馬鈴薯：1顆（120公克）
調過味的榨菜：30公克

麻油：1/2小匙
鹽、胡椒：各少許

烹調方式

❶ 青椒切成細絲，馬鈴薯切成細條後，清洗乾淨再瀝乾水分。

❷ 煮一鍋熱水，再放入步驟❶的食材快速汆燙一遍，然後浸入冷水降溫，再撈出來瀝乾水分備用。

❸ 將切細的榨菜倒入大碗後，依序拌入步驟❷的食材、麻油、鹽與胡椒。

[湯品] 利用大塊的小黃瓜增加口感

小黃瓜油豆腐火腿湯

蛋白質	醣
7.3g	3.2g

┃ 熱量 98kcal ┃

材料（2人份）

小黃瓜：1根（80公克）
油豆腐：100公克
火腿：1片（20公克）
洋蔥：50公克
高湯塊：1/2塊
鹽、胡椒：各少許

烹調方式

❶ 先以削皮刀將小黃瓜的表面刨出條紋，再剖成兩半，然後切2公分長。油豆腐先以熱水燙掉油脂，再切成5公釐厚、2公分寬的片狀。火腿與洋蔥切成2公分丁狀。

❷ 將300毫升的熱水與高湯塊倒入鍋中煮滾後，倒入步驟❶的食材煮2~3分鐘，煮到洋蔥變得透明後，以鹽與胡椒調味。

香菇肉餅套餐食譜

烹調者：堀江幸子

[主菜]

用搗碎的高野豆腐製做肉餡與麵衣，再煎得金黃酥脆

香菇肉餅

材料(2人份)

綜合絞肉：140公克

香菇：8朵

高野豆腐(凍豆腐)：2塊

A
蔥花：50公克
鹽：1/4小匙
胡椒：少許

太白粉：適量

麵粉、蛋液：各適量

沙拉油：適量

高麗菜絲、豬排醬：各適量

烹調方式

❶ 先將香菇的蕈傘與蕈柄切成兩半，再將蕈柄切成粗粒。高野豆腐先搗成泥。

❷ 將絞肉、食材A、步驟❶的蕈柄、1大匙的高野豆腐泥倒入大碗攪拌均勻。

❸ 在步驟❶的蕈傘撒太白粉，再將步驟❷的食材均勻鑲進蕈傘。依序在表面裹上麵粉、蛋液以及剩下的高野豆腐泥。

❹ 在平底鍋倒入深度1公分的沙拉油加熱後，放入步驟❸的食材，以半煎半炸的方式炸熟。盛盤後，淋上醬油。可在一旁附上高麗菜絲，或是視個人口味撒上黑胡椒。

蛋白質 21.3g　醣 16.7g

❙ 熱量 426kcal ❙

[配菜]

利用麵味露與美乃滋調出日式蛋沙拉的風味

小松菜雞蛋沙拉

材料(2人份)

小松菜：1把(200公克)

水煮蛋：2顆

麵味露(3倍濃縮)：1小匙

美乃滋：2大匙

鹽、胡椒：各適量

烹調方式

❶ 將小松菜放入摻鹽的鹽水煮熟後，以清水浸泡，再撈出來瀝乾水分，切成3~4公分長。水煮蛋切成半月形。

❷ 將麵味露與美乃滋倒入大碗攪拌均勻，再拌入步驟❶的食材。最後以鹽與胡椒調味。

蛋白質 7.2g　醣 1.4g

❙ 熱量 166kcal ❙

[配菜]

搭配豆腐一起吃，能享受豆漿帶來的綿滑口感

熱呼呼的豆漿豆腐

材料(2人份)

嫩豆腐：150公克 2塊

無調整豆漿：100毫升

醬油、辣油、麻油：各適量

蔥花：適量

烹調方式

❶ 將兩塊豆腐分別放在兩個耐熱容器，再均勻倒入豆漿。罩上一層寬鬆的保鮮膜後，送入微波爐加熱1~2分鐘。

❷ 加熱完畢後，淋入醬油、辣油與麻油，再撒點蔥花即可。

蛋白質 9.9g　醣 3.4g

❙ 熱量 127kcal ❙

蛋白質食材套餐食譜（絞肉、加工肉品）

熱呼呼的豆漿豆腐

小松菜雞蛋沙拉

主菜利用絞肉與高野豆腐提高了蛋白質的含量
搭配配色迷人的雞蛋沙拉與加熱的豆腐
就完成這道「真高蛋白質」套餐！

套餐（1人份）

蛋白質	醣
38.4g	21.5g

熱量 719kcal

香菇肉餅

雞肉丸蔬菜湯套餐食譜

烹調者：堀江幸子

以雞絞肉與豆腐製做的肉丸含有大量蛋白質
配菜也大量使用豆渣、油豆腐這類大豆製品
讓人一吃就全身暖和起來

套餐(1人份)

蛋白質	醣
40.0g	23.1g

熱量 675kcal

油豆腐味噌烤起司

豆渣蟹肉棒佐
美乃滋優格

雞肉丸蔬菜湯

[主菜] 捏得大顆一點，讓口感蓬鬆一點

雞肉丸蔬菜湯

蛋白質	醣
19.9g	12.8g

| 熱量 279kcal |

材料(2人份)

雞絞肉：150公克
木綿豆腐：150公克

A
雞蛋：1顆
蔥花：30公克
薑末：1塊量
鹽：1/3小匙
太白粉：2大匙

烹調方式

❶ 豆腐先瀝乾，高麗菜先切成短段。

❷ 將絞肉與鹽倒入大碗，再揉捏至出現黏性為止，然後拌入步驟❶的豆腐與食材A。

❸ 將600毫升的水、高湯粉倒入鍋中，煮滾後，將捏成一口大小的步驟❷食材放進去，再倒入高麗菜，煮4~5分鐘後，以適量的鹽與胡椒調味。

[配菜] 將披薩皮換成油豆腐，將醬料換成味噌，做成日式風味的披薩

油豆腐味噌烤起司

蛋白質	醣
10.4g	1.8g

| 熱量 150kcal |

材料(2人份)

油豆腐：1塊（120公克）　味噌：2小匙
青椒：1棵　　　　　　　披薩專用起司：30公克

烹調方式

❶ 將油豆腐切成一半的厚度，再於切口處塗抹味噌。

❷ 將青椒切成圓片鋪在步驟❶的食材上，撒上披薩專用起司後，送進烤箱烤至變色為止。

[配菜] 沒有使用馬鈴薯，所以醣含量很低，口感卻與馬鈴薯沙拉如出一轍

豆渣蟹肉棒佐美乃滋優格

蛋白質	醣
9.7g	8.5g

| 熱量 246kcal |

材料(2人份)

豆渣：150公克
蟹肉棒：6根

A
三色豆：4大匙
原味優格、美乃滋：各3大匙
鹽、胡椒：各適量

烹調方式

❶ 將豆渣倒入耐熱碗後，直接送入微波爐加熱2分鐘，讓水分揮發。蟹肉棒先撕成碎塊。

❷ 將步驟❶的食材與食材A倒入大碗拌勻，再以鹽、胡椒調味。

蛋白質食材套餐食譜（絞肉、加工肉品）

奶油焗烤芋頭維也納香腸套餐食譜

烹調者：堀江幸子

酪梨納豆

油漬白蘿蔔火腿

奶油焗烤芋頭維也納香腸

套餐（1 人份）

蛋白質	醣
31.4g	35.6g

熱量 887kcal

放入大量維也納香腸的焗烤料理很受
全家大小歡迎！並搭配預先製做的 2 道冷菜

［主菜］口感豐厚的芋頭與奶油相當對味

奶油焗烤芋頭
維也納香腸

蛋白質	醣
20.3g	25.3g

| 熱量 552kcal |

材料（2人份）

維也納香腸：8根
芋頭：4顆
洋蔥：1/2顆
麵粉：1大匙

A ｜ 高湯粉：1小匙
A ｜ 牛奶：200毫升
｜ 水：100毫升
鹽：適量
奶油：適量
披薩專用起司：60公克

烹調方式

❶ 芋頭先切成5公釐厚的片狀，香腸先斜刀切成兩半，洋蔥先切成薄片。

❷ 將10公克的奶油倒入平底鍋加熱，再倒入芋頭、洋蔥炒3~4分鐘，然後倒入香腸快速翻炒一下。接著撒入麵粉與拌入食材A。煮滾後，轉成小火，煮到芋頭變軟為止，再以鹽調味。

❸ 在焗烤盤內側抹一層薄薄的奶油，再倒入步驟❷的食材，撒上披薩專用起司再送入烤箱烤至變色為止。

［配菜］用削皮刀切片可幫助更快速入味

油漬白蘿蔔
火腿

蛋白質	醣
3.9g	4.8g

| 熱量 122kcal |

材料（2人份）

白蘿蔔：200公克
火腿：4片
蘿蔔嬰：1包

鹽：少許
A ｜ 醋、橄欖油：各1大匙
｜ 砂糖：1小匙

烹調方式

❶ 以削皮刀將白蘿蔔切成薄片，撒鹽。火腿沿著放射狀的方向切成6~8等分。蘿蔔嬰切成短段。

❷ 將步驟❶的食材與食材A倒入大碗，攪拌均勻。

［配菜］運用山葵讓味道變得更有張力

酪梨納豆

蛋白質	醣
7.2g	5.5g

| 熱量 213kcal |

材料（2人份）

酪梨：1顆
納豆（附醬汁）：2包
山葵醬：1小匙
蔥花：適量

烹調方式

❶ 酪梨先切成2公分丁狀。

❷ 將納豆與附贈的醬汁、山葵醬倒入大碗攪拌，再倒入步驟❶的食材，稍微攪拌均勻。盛入大碗後，撒入蔥花。

鹽烤鮭魚佐涼拌洋蔥套餐食譜

烹調者：檢見崎聰美

[主菜]

充分利用鮭魚的鹹味，沾醬只用醋與砂糖作為調味

鹽烤鮭魚佐涼拌洋蔥

材料(2人份)

鹽味鮭魚：2片(淨重160公克)

洋蔥：50公克

茗荷(日本生薑)：2個

A
切成小段的紅辣椒：少許
醋：3大匙
砂糖：1小匙

烹調方式

❶ 洋蔥先切成薄片，茗荷先切成絲，再將兩者鋪在淺底盤的盤底。食材A先調勻備用。

❷ 鹽鮭先切成一口大小，再放在烤魚架烤熟。趁熱鋪在步驟❶的蔬菜上面。

❸ 淋上食材A，等待整體入味。

蛋白質	醋
15.9g	3.9g

| 熱量 171kcal |

[配菜]

使用雞肉、納豆等食材煮出富含蛋白質與鮮味的配菜

金針菇韭菜雞絲佐納豆

材料(2人份)

金針菇：80公克

韭菜：50公克

雞柳：100公克

A
鹽：少許
酒：1/2大匙

納豆：2包(80公克)

醬油：2小匙

味醂：1小匙

烹調方式

❶ 將雞柳放在耐熱盤，再讓食材A均勻沾裹表面，然後罩上一層寬鬆的保鮮膜，送入微波爐加熱1分鐘。放涼後，將雞柳拆成雞絲。

❷ 將金針菇切成3公分長，拆散後，用保鮮膜包起來，送入微波爐加熱40秒。韭菜快速汆燙後，切成3公分。

❸ 將納豆、醬油、味醂倒入大碗攪拌均勻，再拌入步驟❶、❷的食材。

蛋白質	醋
16.9g	5.7g

| 熱量 153kcal |

[配菜]

先做好隨時都能拿出來使用，適合與任何主菜搭配的超級配菜

油漬鹿尾菜毛豆馬鈴薯

材料(2人份)

乾燥鹿尾菜：5公克

毛豆：100公克

馬鈴薯：1顆(120公克)

A
醋：1/2大匙
鹽、胡椒：各少許
橄欖油：1大匙

烹調方式

❶ 鹿尾菜先泡發、洗淨與瀝乾。毛豆先汆燙，再從豆莢之中取出(淨重50公克)。馬鈴薯先切成1公分的丁狀。

❷ 煮一鍋熱水，再倒入馬鈴薯，煮軟後倒入鹿尾菜稍微汆燙，再瀝乾水分。倒入大碗後，拌入食材A與毛豆。

蛋白質	醋
3.5g	5.8g

| 熱量 123kcal |

金針菇韭菜雞絲佐納豆

油漬鹿尾菜
毛豆馬鈴薯

100公克左右的海鮮就能達成補充15公克蛋白質的目標，較便宜的鹽味鮭魚在任何季節都能買到，是非常方便的食材，配菜則利用納豆、雞柳、毛豆補充均衡的營養。

套餐（1人份）

蛋白質	醣
36.3g	15.4g

熱量 447kcal

鹽烤鮭魚佐涼拌洋蔥

鹽烤竹筴魚佐番茄味噌醬套餐食譜

烹調者：沼津理惠

讓竹筴魚主菜搭配只需要攪拌就完成的沙拉
與奶油起司配菜，增加蛋白質的攝取量

[主菜] 味道濃厚的小番茄負責統整味道

鹽烤竹筴魚
佐番茄味噌醬

蛋白質	醣
17.2g	2.1g

∣ 熱量 142kcal ∣

材料（2人份）

剖成3片的竹筴魚：2大尾（淨重200公克）
鹽：少許
小番茄：6顆
青紫蘇：2片
味噌：1/2小匙
橄欖油：1小匙

烹調方式

❶ 在竹筴魚上撒鹽，靜置5分鐘再擦乾水分，然後切成方便入口的大小。

❷ 利用平底鍋加熱橄欖油，再將步驟❶的食材煎至兩面變色、盛盤。

❸ 小番茄切成4等分，青紫蘇切成絲後，一起倒入大碗，再拌入味噌，然後淋在步驟②的食材上面。

[配菜] 改用油豆腐就不需要瀝乾！

油豆腐泥
大豆沙拉

蛋白質	醣
12.8g	2.9g

∣ 熱量 210kcal ∣

材料（2人份）

油豆腐：150公克
水煮大豆：50公克
A ┌ 白芝麻粉：1大匙
　│ 味噌：2小匙
　└ 砂糖、橄欖油：各1小匙

烹調方式

❶ 將油豆腐、食材A倒入大碗，再以攪拌器一邊壓扁食材，一邊攪拌，最後再拌入水煮大豆。

甜豆蟹肉棒起司

油豆腐泥大豆沙拉

套餐（1人份）

蛋白質	醣
33.0g	9.2g

熱量 427kcal

鹽烤竹筴魚佐番茄味噌醬

[配菜] 食材少又簡單，可以當成下酒菜

甜豆蟹肉棒起司

蛋白質	醣
3.0g	4.2g

∣ 熱量 75kcal ∣

材料（2人份）

甜豆：8根
奶油起司：30公克
蟹肉棒：2根
鹽：少許

烹調方式

❶ 奶油起司先用橡膠鍋鏟攪拌成綿滑質地，再拌入拆散的蟹肉棒。

❷ 將撕掉粗纖維的甜豆放入鹽水汆燙，再剝成兩半，然後將步驟❶的食材塞進裡面。

微波加熱罐頭鯖魚杏鮑菇與番茄套餐食譜

烹調者：堀江幸子

起司蟹肉棒
涼拌白菜

大頭菜維也納香腸湯

套餐(1人份)

蛋白質	醣
49.5g	23.6g

熱量 787kcal

微波加熱罐頭鯖魚
杏鮑菇與番茄

罐頭鯖魚是高蛋白質與低醣的食材
搭配摻了起司的涼拌白菜與維也納香腸湯
就成為一套營養滿分的套餐！

[主菜] 拌勻食材後，剩下的就交給微波爐了

微波加熱罐頭
鯖魚杏鮑菇與番茄

蛋白質	醣
35.8g	13.1g

| 熱量 410kcal |

材料(2人份)

水煮鯖魚罐頭：190公克×2罐
杏鮑菇：1包
麵粉：1大匙
A 蒜泥、高湯粉、砂糖、醬油：各1小匙
切塊番茄罐頭：1又1/2罐
鹽、胡椒：各適量

烹調方式

❶ 先將杏鮑菇剖成薄片，再裹一層麵粉。

❷ 將鯖魚（連同湯汁）倒入耐熱碗，拆散後，倒入步驟
❶的食材與食材A，罩一層寬鬆的保鮮膜，送入微
波爐加熱5分鐘。

❸ 拿出來攪拌一下，再送回微波爐加熱1~2分鐘，最後
以鹽、胡椒調味。

[配菜] 趁微波加熱主菜時就能完成的料理

起司蟹肉棒
涼拌白菜

蛋白質	醣
6.8g	4.9g

| 熱量 165kcal |

材料(2人份)

白菜：1/8顆（300公克） 美乃滋：2大匙
鹽：1/4小匙 醋：2小匙
蟹肉棒：4條 鹽、胡椒：各適量
加工起司：30公克

烹調方式

❶ 在切細的白菜撒鹽後，均勻揉醃再瀝乾水分。蟹肉
棒先拆散，起司先切成1公分丁狀。

❷ 將美乃滋、醋倒入大碗攪拌均勻，再拌入步驟❶的
食材，然後以鹽、胡椒調味。

[湯品] 就算只有兩種食材，切大塊一點
還是能營造湯料滿滿的感覺！

大頭菜維也納香腸湯

蛋白質	醣
6.9g	5.6g

| 熱量 212kcal |

材料(2人份)

大頭菜（帶葉）：2顆
維也納香腸：6條
A 高湯粉：2小匙
水：400毫升
鹽、胡椒：各適量

烹調方式

❶ 大頭菜先切掉葉子，保留3公分左右
的莖部，再切成半月形的形狀。香腸
先在表面劃出幾道刀口。

❷ 將食材A、步驟❶的食材倒入鍋中加
熱。大頭菜煮熟後，以鹽、胡椒調味。

山椒芹菜炒花枝套餐食譜

烹調者：檢見崎聰美

[主菜]

利用山椒粉讓味道多點變化

山椒芹菜炒花枝

材料(2人份)

冷凍花枝：300公克
芹菜：80公克
洋蔥：50公克
鹽、山椒粉：各少許
麻油：1/2大匙

烹調方式

❶ 將解凍的花枝切成一口大小，芹菜斜刀切成
5公釐厚的薄片，洋蔥切成5公釐厚的片狀。

❷ 以平底鍋加熱麻油，再倒入芹菜與洋蔥拌
炒至麻油均勻沾附表面，再倒入花枝一起拌
炒。花枝炒熟後，撒點鹽與山椒粉調味。

蛋白質 20.4g　醣 2.5g

Ⅰ 熱量 153kcal Ⅰ

[配菜]

利用微波爐加熱 2 分鐘，就能做出高蛋白的清蒸雞肉

微辣小黃瓜清蒸雞肉

材料(2人份)

小黃瓜：1根(80公克)
雞胸肉(去皮)：1/2塊(120公克)
酒：1大匙
鹽：1/4小匙
A ┌ 麻油：1/2小匙
　├ 豆瓣醬：少許
　└ 醋：1小匙

烹調方式

❶ 將雞肉放在耐熱盤上面，淋點酒，罩上
一層寬鬆的保鮮膜，送入微波爐加熱2
分鐘。放涼後，切成5公釐厚的薄片。

❷ 先用削皮刀在小黃瓜表面削出條紋，再
以滾刀切成小塊。撒點鹽，攪拌一下。
等到小黃瓜變軟再瀝乾水分。

❸ 將步驟❶、❷的食材倒入大碗拌勻，再
依序倒入食材A攪拌均勻。

蛋白質 11.8g　醣 1.2g

Ⅰ 熱量 79kcal Ⅰ

[湯品]

最後加蛋是增加蛋白質含量的祕訣

青江菜玉米蛋花湯

材料(2人份)

青江菜：100公克
玉米：淨重50公克
雞蛋：1顆
高湯塊：1/2塊
鹽、胡椒：各少許

烹調方式

❶ 青江菜可切成方便食用的長度，玉米則先刮成
玉米粒，雞蛋先打成蛋液。

❷ 將300毫升的熱水與高湯塊倒入鍋中加熱，再
倒入玉米粒。

❸ 玉米粒煮熟後，倒入青江菜煮滾，再以鹽、胡
椒調味，均勻淋入蛋液，煮到蛋液變蛋花即可。

蛋白質 3.9g　醣 4.5g

Ⅰ 熱量 65kcal Ⅰ

微辣小黃瓜清蒸雞肉

青江菜玉米蛋花湯

價格合理的冷凍花枝讓料理變得很簡單
微波加熱的雞肉及蛋花湯也能
幫我們攝取足夠的蛋白質！

山椒芹菜炒花枝

套餐（1人份）

蛋白質	醣
36.1g	8.2g

熱量 297kcal

擔擔麵風味的豆芽菜鮪魚鍋套餐食譜

烹調者：堀江ひろ子、堀江佐和子

在豆腐、鮪魚、牛奶的搭配之下，光是這道主菜的鍋物，每個人就能攝取到 26.8 公克的蛋白質！另外搭配最適合轉換口味的兩道配菜

套餐(1 人份)

蛋白質	醣
39.4g	33.3g

熱量 796kcal

用絞肉煮出甜鹹風味的東坡肉

辣白菜

擔擔麵風味的豆芽菜鮪魚鍋

[主菜] 用鮪魚代替絞肉，輕鬆煮出擔擔麵風味

擔擔麵風味的豆芽菜鮪魚鍋

蛋白質	醣
26.8g	16.3g

| 熱量 480kcal |

材料(2人份)

鮪魚罐頭：1小罐
豆芽菜：1包
木棉豆腐：1塊(300公克)
韭菜：1把
豆瓣醬：1小匙

A ⎡ 蠔油：1大匙
　 ⎢ 白芝麻粉：3大匙
　 ⎣ 雞高湯粉：2小匙
牛奶：400毫升
麻油：1/2大匙

烹調方式

❶ 利用平底鍋加熱麻油後，倒入豆瓣醬拌炒，接著拌入瀝乾湯汁的鮪魚與食材A，稍微炒一下，再倒入100毫升的水。煮滾後關火。

❷ 將豆腐切成一口大小，將韭菜切成4公分寬。

❸ 將豆芽菜與步驟❷的食材倒入砂鍋，再鋪上步驟❶的食材，然後倒入牛奶。開火加熱，邊煮邊吃即可。可視個人口味淋點辣油。

[配菜] 不使用整塊肉的省錢東坡肉

用絞肉煮出甜鹹風味的東坡肉

蛋白質	醣
11.9g	10.1g

| 熱量 226kcal |

材料(2人份)

綜合絞肉：150公克
A ⎡ 薑末：1塊量
　 ⎢ 蔥花：10公分量
　 ⎣ 酒、太白粉：各1大匙
B ⎡ 醬油、砂糖：各1大匙
白熟芝麻：少許

烹調方式

❶ 將絞肉、食材A倒入大碗攪拌均勻後，捏成1.5公分厚的矩形。放入平底鍋煎至兩面變色與熟透後，拿出來放涼備用。

❷ 將平底鍋的油擦掉，再倒入食材B與100毫升的水，然後將切成塊的步驟❶食材放入鍋中，煮到湯汁收乾為止。盛盤後，撒點芝麻增香。

擔擔麵風味的豆芽菜鮪魚鍋

[配菜] 酸甜之中帶點微辣的中式菜色

辣白菜

蛋白質	醣
0.7g	6.9g

| 熱量 90kcal |

材料(2人份)

白菜：200公克
鹽：2/3小匙
薑絲：1塊量
紅辣椒：1根
A ⎡ 醋、砂糖：各1大匙
　 ⎣ 醬油：少許
麻油：1大匙

烹調方式

❶ 白菜先切成短段再撒鹽，靜置至白菜變軟為止，再瀝乾水分。食材A先調勻。

❷ 將麻油、生薑、紅辣椒倒入平底鍋拌炒後，倒入白菜稍微炒一下，再倒入食材A。關火，靜置待涼。

什錦魚肉香腸套餐食譜

烹調者：堀江幸子

能常溫保存又很便宜的魚肉香腸
可說是不知該用什麼蛋白質食材時的救世主
這道菜也使用了雞蛋與納豆設計成省錢套餐

納豆四季豆味噌湯

鹽漬小黃瓜
涼拌櫻花蝦

套餐(1人份)

蛋白質	醣
30.6g	22.6g

熱量 497kcal

什錦魚肉香腸

[**主菜**] 用雞蛋提高蛋白質的攝取量

什錦魚肉香腸

蛋白質	醣
20.6g	14.8g

| 熱量 341kcal |

材料(2人份)

魚肉香腸：3根（210公克）
小松菜：1把（200公克）
雞蛋：3顆
雞高湯粉：1小匙
酒：2小匙
鹽、胡椒：各適量
麻油：1大匙

烹調方式

① 魚肉香腸先斜刀切成1公分厚的薄片，小松菜先切成短段，雞蛋先打成蛋液。

② 利用平底鍋加熱麻油後，倒入香腸與小松菜，炒到食材均勻沾附麻油，再拌入雞高湯粉與酒。

③ 將食材堆在鍋子的邊緣，再於空出來的位置倒入蛋液。炒熟後，與其他食材拌在一起，並用鹽與胡椒調味。

[**配菜**] 麻油風味與香氣迷人的
櫻花蝦是這道配菜的重點

鹽漬小黃瓜
涼拌櫻花蝦

蛋白質	醣
2.0g	1.9g

| 熱量 45kcal |

材料(2人份)

小黃瓜：2根　　櫻花蝦：4公克
鹽：少許　　　麻油：1/2大匙

烹調方式

① 小黃瓜先切成3~4公分長，再剖成4半。以鹽揉醃後，瀝乾水分。

② 將步驟①的食材、櫻花蝦、麻油倒入大碗拌勻。

[**湯品**] 1人1包納豆，
吃得心滿意足

納豆四季豆味噌湯

蛋白質	醣
8.0g	5.9g

| 熱量 111kcal |

材料(2人份)

納豆：2盒
四季豆：6~8根
高湯：400毫升
味噌：1又1/2大匙
蔥花：適量

烹調方式

① 四季豆先切成3~4公分長。

② 將高湯倒入鍋中加熱後，倒入步驟①的食材。四季豆煮熟後，倒入納豆，再調入味噌。盛碗再撒點蔥花。

鱈魚子蔬菜咖哩湯套餐食譜

烹調者：堀江ひろ子、堀江佐和子

讓味道清淡的鱈魚子變得香氣迷人
焦香的大頭菜與明太子奶油馬鈴薯
讓味道變得更有層次

套餐(1人份)

蛋白質	醣
31.8g	25.0g

熱量 489kcal

香煎大頭菜熱沙拉

明太子奶油馬鈴薯

鱈魚子蔬菜咖哩湯

[主菜] 利用牛奶與脫脂奶粉增加蛋白質

鱈魚子蔬菜咖哩湯

蛋白質	醣
21.9g	13.6g

Ⅰ 熱量 296kcal Ⅰ

材料(2人份)

甜鹹鱈魚：2片(200公克)
綠花椰菜：1/2棵
洋蔥：1/2顆
培根：2片
咖哩粉：1小匙

A ┌ 高湯粉：1小匙
  │ 酒：1大匙
  └ 水：150毫升
牛奶：200毫升
脫脂奶粉：2大匙
沙拉油：1/2大匙

烹調方式

❶ 鱈魚先切成3等分的片狀。綠花椰菜先拆成小朵。洋蔥先切成薄片，培根先切成3公分寬。

❷ 將沙拉油、洋蔥、培根倒入平底鍋拌炒後，均勻撒入咖哩粉，再放入鱈魚與食材A，煮5~6分鐘。

❸ 倒入綠花椰菜、牛奶與脫脂奶粉煮滾即可。

[配菜] 煎得焦香的大頭菜又香又多汁

香煎大頭菜熱沙拉

蛋白質	醣
3.5g	3.1g

Ⅰ 熱量 89kcal Ⅰ

材料(2人份)

大頭菜(帶葉)：2顆
火腿：3片
鹽、胡椒：各少許

A ┌ 橄欖油：2小匙
  │ 醋：1小匙
  └ 鹽、胡椒：各少許

烹調方式

❶ 大頭菜先切成半月形，葉子切成4公分長。將大頭菜倒入平底鍋，蓋上鍋蓋悶煎。煎至出現焦色後，倒入葉子再悶煎2~3分鐘，最後以鹽、胡椒調味。

❷ 將切成一口大小的火腿倒入步驟①的鍋中，再以食材A調味。

[配菜] 材料只有3種，鬆軟的口感中帶有微辣滋味！

蛋白質	醣
6.4g	8.3g

Ⅰ 熱量 104kcal Ⅰ

明太子奶油馬鈴薯

材料(2人份)

馬鈴薯：2顆(200公克)
辣味明太子：50公克
奶油：1/2大匙

烹調方式

❶ 將表面包覆一層保鮮膜的馬鈴薯送入微波爐加熱4分鐘，再切成一口大小與去皮。

❷ 拆散去除薄膜之後的明太子，再與奶油拌在一起，最後再拌入步驟❶的食材。

炸地瓜滷白菜套餐食譜

烹調者：堀江ひろ子、堀江佐和子

套餐（1人份）

蛋白質	醣
30.7g	**18.0**g

熱量 440kcal

雞柳蘿蔔泥湯

香菇韭菜炒蛋

炸地瓜滷白菜

這道充滿地瓜甜味的蒸煮料理加入肉丸增添分量，以雞蛋煮的配菜以及用雞肉煮的湯，可讓我們攝取到 30.7 公克的蛋白質

[主菜] 加了豬碎肉肉丸，讓口感直到天際

炸地瓜滷白菜

蛋白質	醣
20.7g	**12.0**g

┃ 熱量 286kcal ┃

材料（2人份）

炸地瓜：3塊	醬油：1/2大匙
白菜：1/8顆（300公克）	┌ 醬油：1大匙
胡蘿蔔：50公克	A 高湯粉：1小匙
豬碎肉：150公克	└ 水：100毫升

烹調方式

❶ 胡蘿蔔先切成圓片，炸地瓜先片成薄片。白菜切成4公分長之後，以直立的方向放進砂鍋，再將胡蘿蔔與炸地瓜塞在白菜之間。

❷ 利用醬油揉醃豬肉之後，將豬肉揉成一口大小，再鋪在步驟❶的食材上面。淋入調勻的食材A，蓋上鍋蓋悶煮10~15分鐘，直到食材熟透為止。

[配菜] 味道與蠔油醬融為一體

蛋白質	醣
4.6g	**2.8**g

香菇韭菜炒蛋

┃ 熱量 114kcal ┃

材料（2人份）

香菇：4~5朵	鹽、胡椒：各少許
韭菜：1把	蠔油：1大匙
雞蛋：1顆	沙拉油：1大匙

烹調方式

❶ 香菇先切成薄片，韭菜切成4公分寬。

❷ 雞蛋打成蛋液，撒入鹽、胡椒，再倒入熱好沙拉油的平底鍋，煎到質地蓬鬆後，取出備用。

❸ 將步驟❶的食材放回步驟❷的平底鍋，快速拌炒一下，倒入油，再將步驟❷的食材倒回鍋中，拌炒均勻。

[湯品] 與味道濃郁的配菜很對味的清爽湯品

蛋白質	醣
5.4g	**3.2**g

┃ 熱量 40kcal ┃

雞柳蘿蔔泥湯

材料（2人份）

雞柳：1根（50公克）	┌ 高湯：300毫升
白蘿蔔：100公克	B 酒：1/2大匙
┌ 鹽：少許	└ 鹽：1/4小匙
A 酒：1小匙	鹽：少許
└ 太白粉：1小匙	

烹調方式

❶ 雞柳先去筋，再切成細條，然後以食材A揉醃，再裹一層太白粉。蘿蔔先磨成泥。

❷ 將食材B倒入鍋中煮滾後，倒入步驟❶的雞柳，一邊拆散，一邊煮熟。倒入蘿蔔泥煮滾後，以鹽調味即可。

[主菜]

放入大量的薑、青紫蘇蘿蔔泥，讓味道變得更清爽美味

燉煮豆腐雞柳配佐料

材料（2人份）

木棉豆腐（板豆腐）：1塊（400公克）
雞柳：100公克
白蘿蔔：150公克
生薑：10公克
青紫蘇：5瓣

A
高湯：200毫升
味醂：2小匙
鹽、醬油：各1/4小匙

烹調方式

❶ 雞柳先片成薄片。

❷ 白蘿蔔磨成泥後，瀝乾水分，再與切成末的生薑以及撕成小塊的青紫蘇拌勻。

❸ 將食材A倒入鍋中攪拌均勻後，倒入剝成大塊的豆腐，煮至湯出滾開，再倒入步驟❶的食材。煮熟後，鋪在攤平的步驟❷食材上面，再煮一下即可。

蛋白質	醣
23.8g	5.8g

❙ 熱量 217kcal ❙

[配菜]

鮪魚與味噌非常對味。彩椒可以換成青椒、胡蘿蔔或是茄子

味噌紅椒炒鮪魚

材料（2人份）

彩椒（紅）：1/2顆（100公克）
鮪魚罐頭：1小罐

A
酒、砂糖：各1大匙
味噌：1小匙

沙拉油：1/2大匙

烹調方式

❶ 彩椒先以滾刀切塊，食材A先調勻。

❷ 以平底鍋加熱沙拉油之後，倒入彩椒拌炒，再拌入瀝乾湯汁的鮪魚以及食材A拌炒。

蛋白質	醣
5.8g	7.9g

❙ 熱量 156kcal ❙

[配菜]

調味只用了酸橘醋醬油！黏稠與清脆並存的口感很有趣

秋葵山藥佐酸橘醋

材料（2人份）

秋葵：10根（80公克）
山藥：80公克
酸橘醋醬油：2大匙

烹調方式

❶ 將煮熟的秋葵切成2公分長，山藥切成一口大小，然後放入保鮮袋用擀麵棍打出裂痕。

❷ 將步驟❶的食材倒入大碗，再拌入酸橘醋醬油。

蛋白質	醣
1.6g	7.1g

❙ 熱量 43kcal ❙

味噌紅椒炒鮪魚

秋葵山藥佐酸橘醋

木棉豆腐的蛋白質含量高於嫩豆腐

搭配肉類或魚類，就能大飽口福！

在配菜使用味噌與酸橘醋，增加味道的變化。

燉煮豆腐雞柳配佐料

套餐（1人份）

蛋白質	醣
31.2g	20.8g

熱量 416kcal

燉煮高野豆腐與雞翅膀套餐食譜

烹調者：堀江ひろ子、堀江佐和子

利用高野豆腐與雞翅膀這兩種高蛋白食材
煮出十分入味的一道主菜
再搭配微辣與清爽的兩道配菜

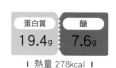

套餐(1人份)

蛋白質	醣
31.1g	26.5g

熱量 422kcal

醋漬山藥蘋果鱈寶

黃豆豆芽菜
與魷魚絲佐
韓式辣椒醬

燉煮高野豆腐與雞翅膀菜單

[主菜] 讓高野豆腐吸飽充滿鮮味的湯汁

燉煮高野豆腐與雞翅膀

蛋白質	醣
19.4g	7.6g

熱量 278kcal

材料(2人份)

高野豆腐(凍豆腐)：2塊
雞翅膀：4支(1支60公克)
胡蘿蔔：1/2根
蔥：1/2根
大蒜：1瓣
白菜：200公克

醬油：2小匙
A 酒：1大匙
雞高湯粉：1小匙
水：200毫升
B 醬油、麻油：各少許
沙拉油：1/2大匙

烹調方式

❶ 高野豆腐先泡發再切成一口大小，胡蘿蔔先剖成兩半，再斜刀切成5公釐厚的薄片，蔥先斜刀切成片，大蒜先碾成泥。

❷ 白菜的葉子先切成短段，白菜梗先切成片。

❸ 在雞翅膀表面抹一層醬油，再以雞皮朝下的方向放入熱好沙拉油的平底鍋煎熟。倒入食材A、步驟❶的食材與白菜梗，蓋上鍋蓋悶煮10分鐘。倒入白菜葉，再以食材B調味。

[配菜] 酸酸甜甜的蘋果營造新鮮的味道！而且意外地對味

醋漬山藥蘋果鱈寶

蛋白質	醣
3.2g	14.4g

熱量 76kcal

材料(2人份)

山藥：100公克
蘋果：1/4顆
鱈寶：1/2塊

A 醋：2小匙
砂糖：1小匙
鹽：少許

烹調方式

❶ 山藥先放入保鮮袋拍打，蘋果先切成半月形，鱈寶先切成一半，再切成5公釐寬。

❷ 將食材A倒入大碗調勻後，拌入步驟❶的食材。

[配菜] 使用富含蛋白質的黃豆豆芽菜

黃豆豆芽菜與魷魚絲佐韓式辣椒醬

蛋白質	醣
8.5g	4.5g

熱量 68kcal

材料(2人份)

黃豆豆芽菜：100公克
魷魚絲：30公克

A 韓式辣椒醬：1小匙
醬油、麻油：各少許

烹調方式

❶ 先摘掉黃豆豆芽菜的鬚根，再鋪在耐熱盤上，罩一層寬鬆的保鮮膜，送入微波爐加熱2分鐘，再倒在濾網靜置備用。

❷ 將洗乾淨的魷魚絲放入耐熱盤，罩一層寬鬆的保鮮膜，送入微波爐加熱1分鐘。拌入食材A，再拌入步驟❶的食材。

油豆腐、番茄、肉燥沙拉套餐食譜

烹調者：檢見崎聰美

油豆腐只需要撕成小塊，加了肉燥
就能變成飽足感十足的沙拉
還能利用雞蛋與炸地瓜增補蛋白質

白蘿蔔四季豆
炸地瓜湯

苦瓜蘿蔔乾炒蛋

套餐（1人份）

蛋白質	醣
31.9g	21.7g

熱量 496kcal

油豆腐、番茄、肉燥沙拉

[主菜] 油豆腐撕成小塊
更容易入味

蛋白質	醣
21.4g	7.2g

熱量 320kcal

油豆腐、番茄、肉燥沙拉

材料（2人份）

油豆腐：1大塊（250公克）
番茄：1小顆（150公克）
豬絞肉：100公克
洋蔥：50公克

A {
醋：2大匙
砂糖：1/2大匙
鹽：1/4小匙
}

烹調方式

❶ 將汆煮去油的油豆腐撕成一口大小，番茄切成半月形，洋蔥切成薄片。

❷ 將食材A倒入大碗拌勻後，拌入步驟❶的食材。

❸ 將絞肉、1大匙的水倒入鍋中，一邊攪拌，一邊加熱至絞肉熟透，再拌入步驟❷的食材。盛盤後，可附上一點蔥花。

[配菜] 利用當令蔬菜與乾貨的炒蛋烹煮

山苦瓜蘿蔔乾炒蛋

蛋白質	醣
3.7g	5.1g

熱量 93kcal

材料（2人份）

山苦瓜：1/3根（100公克）
蘿蔔乾：15公克
雞蛋：1顆

A {
高湯：50毫升
砂糖：1/2小匙
鹽：少許
}
沙拉油：1/2大匙

烹調方式

❶ 苦瓜先剖成兩半再切成薄片。蘿蔔乾先泡發再瀝乾，然後切成方便入口的大小。雞蛋先打成蛋液。

❷ 將苦瓜與蘿蔔乾放入熱好沙拉油的平底鍋，炒到苦瓜變軟之後，拌入食材A，再炒到湯汁收乾為止，然後均勻淋入蛋液再拌炒至蛋熟了為止。

[湯品] 利用炸地瓜增加分量

蛋白質	醣
1.4g	1.4g

熱量 21kcal

白蘿蔔四季豆炸地瓜湯

材料（2人份）

白蘿蔔：100公克
四季豆：50公克
炸地瓜：2片（100公克）
高湯塊：1/2塊
鹽、胡椒：各少許

烹調方式

❶ 白蘿蔔先切成較厚的短片，四季豆切成4公分長，炸地瓜切成3等分。

❷ 將300毫升的熱水與高湯塊倒入鍋中加熱，再倒入白蘿蔔。白蘿蔔煮軟後，倒入四季豆與炸地瓜，稍微煮一下，再以鹽與胡椒調味。

辛奇豆腐套餐食譜

烹調者：堀江ひろ子、堀江佐和子

辛奇豬肉豆腐的蛋白質含量非常高！
利用讓人一吃就上癮的滷蛋以及韓式
涼拌蔬菜設計成韓式風味的套餐

麻藥滷蛋

韓式涼拌
小菜風味
的香煎小
松菜香菇

辛奇豆腐

[主菜] 將炒過的辛奇放在豆腐上的韓式小菜

辛奇豆腐

蛋白質	醣
24.3g	7.1g

熱量 356kcal

材料（2人份）

木棉豆腐（板豆腐）：1塊（300公克）
豬肉片：150公克
白菜辛奇：100公克
砂糖：1大匙
醬油：1小匙
麻油：1/2大匙

烹調方式

❶ 將豆腐切成1公分厚的片狀，再排在耐熱盤的底部，然後罩一層寬鬆的保鮮膜，送入微波爐加熱4~5分鐘再盛盤。

❷ 利用砂糖揉醃豬肉後，倒入熱好麻油的平底鍋炒拌，再倒入辛奇，炒到豬肉變白，再倒入醬油以及澆在步驟❶的食材上。

[配菜] 雞蛋煮到半熟比較剛好

麻藥滷蛋

蛋白質	醣
6.4g	4.2g

熱量 117kcal

材料（2人份）

雞蛋：2顆

A ｜ 蔥花、薑末、蒜末、各1小匙
白芝麻粉、麻油：各1小匙
醬油、砂糖、水：各2小匙

烹調方式

❶ 雞蛋先煮到適當的硬度再剝殼。

❷ 將食材A倒入保鮮袋調勻後，倒入步驟❶的食材，再將空氣擠乾，封口，靜置20~30分鐘，等到食材入味。

❸ 將雞蛋切成方便入口的大小後盛盤，再淋上剩下的湯汁。

[配菜] 秘訣是用平底鍋煎得焦香

韓式涼拌小菜風味
的香煎小松菜香菇

蛋白質	醣
1.4g	1.0g

熱量 34kcal

材料（2人份）

小松菜：100公克
香菇：4朵
醬油：1/2大匙
麻油：1小匙

烹調方式

❶ 小松菜先切成3公分長，香菇先切掉蕈柄，再切成5公釐厚。

❷ 將步驟❶的食材鋪在熱好鍋的平底鍋裡面，看到蒸氣上升時糧面。發現食材的顏色變得鮮豔之後，倒入大碗，再拌入醬油與麻油。

分量滿滿的日式炸雞風味高野豆腐套餐食譜

烹調者：檢見崎聰美

套餐(1人份)

蛋白質	醣
34.2g	22.1g

熱 575kcal

豆苗豬肉湯

豆腐泥苦瓜

分量滿滿的
日式炸雞風
味高野豆腐

紮實的高野豆腐含有大量的蛋白質
配菜也使用了豆腐，更搭配豬肉湯
讓蛋白質含量超過 30 公克

[主菜] 就像肉一樣！？外酥內嫩

分量滿滿的日式
炸雞風味高野豆腐

蛋白質	醣
17.5g	14.8g

ǀ 熱量 308kcal ǀ

材料(2人份)

高野豆腐(凍豆腐)：4塊(68公克)

A ┌ 醬油、味醂、酒：各1大匙
  └ 醬汁：1小匙

太白粉：2又1/2大匙

炸油：適量

烹調方式

❶ 高野豆腐先泡發與瀝乾水分，然後撕成一口大小。

❷ 將食材A倒入大碗攪拌後，倒入步驟❶的食材揉醃，再輕輕擠乾湯汁。裹一層太白粉之後，放入油溫達170~180℃的炸油，炸至金黃酥脆。盛盤後，可附上小番茄。

[配菜] 山苦瓜的苦味是重點

豆腐泥苦瓜

蛋白質	醣
6.8g	5.8g

ǀ 熱量 124kcal ǀ

材料(2人份)

苦瓜：1/3根(100公克)

木棉豆腐：1/2塊(150公克)

A ┌ 白芝麻粉：15公克
  │ 砂糖：1大匙
  └ 鹽：1/4小匙

烹調方式

❶ 山苦瓜先剖成兩半再切成薄片。煮熟後，放入冷水降溫再瀝乾。

❷ 將碾成泥的豆腐與食材A拌勻，再拌入步驟❶的食材。

[湯品] 利用豬肉的精華
創造味道的層次

豆苗豬肉湯

蛋白質	醣
9.9g	1.5g

ǀ 熱量 143kcal ǀ

材料(2人份)

豆苗：1包(淨重100公克)

豬碎肉：100公克

生薑：1塊

高湯塊：1/2塊

鹽、胡椒：各少許

烹調方式

❶ 生薑先切成絲。

❷ 將300毫升的熱水與高湯塊倒入鍋中，煮滾後，倒入豬肉與生薑。豬肉煮熟後撈除浮沫。

❸ 再次煮滾後，倒入豆苗煮1~2分鐘，再以鹽與胡椒調味。

南瓜西班牙馬鈴薯烘蛋套餐食譜

烹調者：堀江幸子

〔 主菜 〕

利用口感鬆軟甜美的南瓜、培根與起司粉增加香醇的滋味

南瓜西班牙馬鈴薯烘蛋

材料（2人份）

雞蛋：3顆
南瓜：1/8顆（180公克）
培根片：4片
A
├ 牛奶：2大匙
├ 起司粉：1大匙
└ 鹽、胡椒：各適量
橄欖油：適量

烹調方式

❶ 南瓜先切成2公分丁狀，培根先切成細條，然後一起放在耐熱容器上面，罩一層寬鬆的保鮮膜，再送入微波爐加熱2~3分鐘。

❷ 在大碗將雞蛋打成蛋液，再拌入步驟❶的食材與食材A。

❸ 以平底鍋熱好橄欖油之後，倒入步驟❷的食材，然後輕輕攪拌，調整成需要的形狀，蓋上鍋蓋，以小火悶煎至表面變乾後，翻面，煎至兩面變色，再拿出鍋外，等待餘熱散去。切成方便入口的大小，再視個人口味擠點番茄醬。

蛋白質	醣
15.6g	15.1g

┃ 熱量 406kcal ┃

〔 配菜 〕

只需要切一切、煎一煎再捲起來！務必趁熱吃。也可以改用櫛瓜

起司火腿茄子捲

材料（2人份）

茄子：2顆
披薩專用起司：30~40公克
火腿：4片
鹽：少許
橄欖油：適量

烹調方式

❶ 茄子先剖成4等分，再排入熱好橄欖油的平底鍋，然後撒鹽，煎到兩面變色。

❷ 火腿切成兩半。

❸ 茄子煎熟後，鋪上披薩專用起司，加熱至起司融化後取出鍋外，鋪上步驟❷的食材再捲起來。

蛋白質	醣
7.1g	2.8g

┃ 熱量 159kcal ┃

〔 湯品 〕

以豆類為主角，富含大量蛋白質的湯品。可利用番茄汁快速完成

大豆高麗菜番茄湯

材料（2人份）

蒸熟的大豆：80公克
高麗菜：2瓣
蒜末：1瓣量
A
├ 高湯粉：2小匙
├ 砂糖：1小匙
└ 番茄汁（無鹽）：400毫升
鹽、胡椒：各適量
橄欖油：2小匙

烹調方式

❶ 高麗菜先切成2~3公分塊狀。

❷ 將橄欖油、大蒜倒入鍋中，爆香後，倒入大豆與步驟❶的食材拌炒。

❸ 待所有食材的表面都均勻吃油後，倒入食材A、100毫升的水、鹽、胡椒調味。盛盤後，撒點歐芹粉。

蛋白質	醣
8.8g	14.2g

┃ 熱量 181kcal ┃

蛋白質食材套餐食譜（雞蛋）

起司火腿茄子捲

大豆高麗菜
番茄湯

南瓜西班牙
馬鈴薯烘蛋

在歐姆蛋加培根就能增加蛋白質含量利用看起來簡單又可愛的茄子捲與大豆番茄湯，讓整桌菜色變得鮮豔美味。

套餐(1人份)

蛋白質	醣
31.5g	32.1g

熱量 746kcal

芡汁菇菇鮪魚豆腐歐姆蛋套餐食譜

烹調者：沼津理惠

主菜是將鮪魚與豆腐拌入蛋液的歐姆蛋
也是蛋白質含量特別高的一道主菜！
搭配魚肉香腸以及大豆的配菜
讓蛋白質的攝取量更加充分

[主菜] 輕鬆使用微波爐製做芡汁菇菇

芡汁菇菇鮪魚豆腐歐姆蛋

蛋白質	醣
21.3g	7.7g

Ⅰ 熱量 323kcal Ⅰ

材料(2人份)

雞蛋：3顆
鮪魚罐頭：1小罐
木棉豆腐：200公克
鴻喜菇：50公克
醬油：1小匙

鹽：少許
A ┌ 醬油、味醂：各1大匙
  │ 太白粉：1又1/2小匙
  └ 水：100毫升
沙拉油：1小匙

烹調方式

❶ 在大碗將雞蛋打成蛋液後，拌入瀝乾的鮪魚、醬油與鹽，再用湯匙將豆腐撈進大碗裡面。

❷ 以平底鍋加熱沙拉油之後，倒入步驟❶的食材。稍微攪拌，看到蛋液逐漸定型時，調整成歐姆蛋的形狀再盛盤。

❸ 將拆散的鴻喜菇放入耐熱容器，再拌入食材A，然後罩一層寬鬆的保鮮膜，送入微波爐加熱1分鐘。拿出來攪拌後，再送回微波爐加熱1分鐘，接著淋在步驟❷的食材上。

[配菜] 不知道要煮什麼，就用
魚肉香腸補一道菜吧！

春季高麗菜炒魚肉香腸

蛋白質	醣
4.4g	6.6g

Ⅰ 熱量 80kcal Ⅰ

材料(2人份)

春季高麗菜：120公克
魚肉香腸：1根
鹽、胡椒：各少許
醬油：1/2小匙
麻油：1/2小匙

烹調方式

❶ 春季高麗菜先切成短段，魚肉香腸先斜刀切成薄片。

❷ 以平底鍋加熱麻油後，倒入步驟❶的食材拌炒。撒點鹽與胡椒，再均勻淋入醬油。

春季高麗菜炒魚肉香腸

什錦豆冬粉佐芝麻醋

套餐(1人份)

蛋白質	醣
31.3g	33.1g

熱量 559kcal

芡汁菇菇鮪魚豆腐歐姆蛋

[配菜] 拌著吸飽芝麻醋的
冬粉一起吃

什錦豆冬粉佐芝麻醋

蛋白質	醣
5.6g	18.8g

Ⅰ 熱量 156kcal Ⅰ

材料(2人份)

冬粉：20公克
什錦豆：120公克
A ┌ 白芝麻粉、醋：各1大匙
  │ 砂糖：1/2大匙
  └ 醬油：1小匙

烹調方式

❶ 冬粉先以熱水泡發再切成短段，然後瀝乾備用。

❷ 將食材A倒入大碗調勻後，倒入什錦豆與步驟❶的食材再攪拌均勻。

焗烤水煮蛋菠菜套餐食譜

烹調者：堀江ひろ子、堀江佐和子

套餐（1人份）

蛋白質	醋
36.8g	26.4g

熱量 694kcal

白蘿蔔鯖魚番茄湯

蓮藕豆苗吻仔魚沙拉

焗烤水煮蛋菠菜

利用雞蛋料理主菜的祕訣就是搭配鮪魚
乳製品或是其他高蛋白的食材
配菜也利用魚肉增加蛋白質含量

[主菜] 利用鮪魚增加
蛋白質與鮮味

蛋白質	醋
23.4g	14.2g

熱量 468kcal

焗烤水煮蛋菠菜

材料（2人份）

水煮蛋：3顆	A⌈ 牛奶：200毫升
菠菜：1把	美乃滋、太白粉：各2大匙
鮪魚罐頭：1小罐	沙拉油：少許
高湯粉：1小匙	披薩專用起司：40公克

烹調方式

❶ 菠菜先汆燙，放入水裡降溫後，切成3公分長再瀝乾。水煮蛋先切成圓片。食材A先調勻。

❷ 將菠菜、鮪魚（連同湯汁）倒入平底鍋加熱，再倒入高湯粉拌炒。接著倒入食材A，炒到湯汁變得濃稠後，加入一半的水煮蛋。

❸ 在焗烤盅的內側抹一層沙拉油，再將步驟❷的食材倒進去，然後將剩下的水煮蛋鋪在上面，並撒上披薩專用起司，送入烤箱烤10分鐘，直到起司出現焦色為止。

[配菜] 直接微波吻仔魚，
能讓吻仔魚變酥脆！

蛋白質	醋
4.2g	5.3g

熱量 104kcal

蓮藕豆苗吻仔魚沙拉

材料（2人份）

蓮藕：80公克	醋：適量
豆苗：1/2包	沙拉油：1小匙
吻仔魚：4大匙	A⌈ 醬油、醋、沙拉油：各2小匙
鹽：適量	

烹調方式

❶ 將蓮藕切成半月形薄片，泡在醋水一會兒再瀝乾。豆苗切成3公分長。

❷ 煮一鍋沸水後，加鹽，再倒入豆苗，快速汆燙過後取出備用。接著倒入少許的醋與蓮藕，煮到蓮藕的顏色變得通透，即可撈出來放在濾網上面降溫。

❸ 將吻仔魚放入耐熱容器，再倒入沙拉油，讓吻仔魚的表面均勻吃油後，直接將耐熱容器放入微波爐加熱1分鐘。

❹ 將食材A倒入大碗，攪拌均勻後，拌入步驟❷的食材。盛盤，淋上步驟❸的食材。

[湯品] 與鮪魚罐頭對味的番茄湯

蛋白質	醋
9.2g	6.9g

熱量 122kcal

白蘿蔔鯖魚番茄湯

材料（2人份）

白蘿蔔：100公克
鮪魚罐頭：1/2罐
洋蔥：1/2顆
番茄汁（無鹽）：100毫升
高湯粉：1小匙
沙拉油：少許

烹調方式

❶ 白蘿蔔先切成銀杏狀，洋蔥先切成薄片。

❷ 將沙拉油倒入鍋中加熱後，放入洋蔥。洋蔥炒軟後，倒入白蘿蔔、200毫升的水與高湯粉，加熱慢煮。

❸ 白蘿蔔煮軟後，倒入鯖魚（連同湯汁）、番茄汁，煮滾之後就大功告成。

\ 3 道菜 /

含醣 低於**15g**！增肌減脂低醣套餐食譜

就算吃 3 道菜，醣也能控制在 15 公克以下！這是高蛋白質 + 低醣的省錢食譜，很適合正在減重減脂的人，因為能節省餐費又能減醣，也很適合希望增進健康與增加肌肉的人。

麻婆豆腐大頭菜套餐食譜

烹調者：堀江幸子

[主菜]

同時使用木棉豆腐與豬絞肉兩種高蛋白食材，補充滿滿的蛋白質！

麻婆豆腐大頭菜

材料（2人份）

木棉豆腐（板豆腐）：1塊
（400公克）
大頭菜（帶葉）：2顆
豬絞肉：100公克

A
┌ 蒜末、薑末：各1瓣量
├ 豆瓣醬：1小匙
└ 沙拉油：1大匙

B
┌ 雞高湯粉、味噌、蠔油、
├ 砂糖：各1小匙
└ 水：150毫升

C
┌ 略大的蔥花：10公分量
└ 太白粉：2小匙

烹調方式

❶ 豆腐先切成 2~3 公分的丁狀，大頭菜先切掉葉子，保留 4 公分長的莖部，再切成半月形的形狀。食材B先拌勻，食材C則是先將太白粉裹在蔥花的表面。

❷ 將食材A倒入平底鍋，以小火爆香，再轉成中火，倒入絞肉。當絞肉變色與炒散，倒入食材B，煮 2~3 分鐘。

❸ 倒入豆腐煮 1~2 分鐘之後，拌入食材C，煮到湯汁變得濃稠為止。

蛋白質	醣
22.1g	10.1g

┃ 熱量 354kcal ┃

[配菜]

只要依序放入蔬菜與蝦子，一只鍋子就能搞定

韓式涼拌小菜風味的青江菜炒蝦仁

材料（2人份）

青江菜：1包（2棵）
蝦仁：80公克

A
┌ 鹽：1/4小匙
├ 蒜泥：少許
└ 麻油、白熟芝麻：各1大匙

烹調方式

❶ 青江菜與蝦仁先分別燙熟。青江菜瀝乾後，切成方便入口的大小。

❷ 將食材A倒入大碗攪拌均勻後，再拌入步驟❶的食材。

蛋白質	醣
8.2g	1.5g

┃ 熱量 123kcal ┃

[湯品]

選擇低醣食材做成酸辣湯風味，加入雞蛋更能提升蛋白質含量

香菇蔥花火腿酸辣湯

材料（2人份）

香菇：2朵
蔥：10公分
火腿：4片
雞高湯粉：2小匙
醋：1大匙

鹽、胡椒：各適量
辣油：少許

烹調方式

❶ 香菇先切成薄片，蔥先斜刀切成薄片，火腿沿著放射狀的方向切成8等分。

❷ 將400毫升的水、雞高湯粉、步驟❶的食材倒入鍋中加熱煮 1~2 分鐘，再以醋、鹽、胡椒調味。最後淋點辣油即可。

蛋白質	醣
3.9g	2.2g

┃ 熱量 61kcal ┃

韓式涼拌小菜風味的
青江菜炒蝦仁

香菇蔥花火腿
酸辣湯

麻婆豆腐大頭菜

以高蛋白質、低醣的豆腐為主角，搭配多汁的大頭菜煮出分量十足的主菜。利用蝦仁烹煮的配菜與略帶酸味的湯，煮出濃濃的中式風味。

套餐(1人份)

蛋白質	醣
34.8g	13.8g

熱量 538kcal

悶煎豬肉豆芽菜辛奇套餐食譜

烹調者：沼津理惠

就算有 3 道菜，醣也只有區區 4.9 公克！
主菜只需要利用平底鍋放著悶煎
能趁這段時間完成沙拉與湯品

套餐(1 人份)

蛋白質	醣
30.6g	4.9g

熱量 443kcal

溫泉蛋蔬菜烤海苔沙拉

日式海瓜子豆皮湯

悶煎豬肉豆芽菜辛奇

[主菜] 只用醬油調味的超低醣主菜

悶煎豬肉豆芽菜辛奇

蛋白質	醣
20.9g	2.7g

熱量 297kcal

材料(2人份)

豬碎肉：220公克
豆芽菜：150公克
白菜辛奇：80公克
醬油：1小匙

烹調方式

❶ 先將豬肉與辛奇拌在一起。

❷ 將豆芽藝鋪在平底鍋，再將步驟❶的食材鋪在上面，
然後均勻淋入醬油，蓋上鍋蓋，悶煎8~10分鐘。

[配菜] 挾破溫泉蛋，讓蔬菜沾裹蛋液

溫泉蛋蔬菜烤海苔沙拉

蛋白質	醣
6.3g	2.0g

熱量 101kcal

材料(2人份)

蔬菜(例如萵苣)：80公克
烤海苔(整張)：1/2張
溫泉蛋：2顆
A [麻油、醋、醬油：各1小匙
砂糖：1/2小匙

烹調方式

❶ 將蔬菜與海苔撕成小塊，再均勻盛入碗裡。

❷ 將調勻的食材A淋在步驟❶的食材上面，再將兩
顆溫泉蛋分別盛盤。亦可撒點白芝麻。

[湯品] 海瓜子會釋放鮮味，所以不需要準備高湯

蛋白質	醣
3.4g	0.2g

熱量 45kcal

日式海瓜子豆皮湯

材料(2人份)

海瓜子(吐沙完畢)：
100公克
豆皮：1張
醬油：1小匙
鹽：1/4小匙

烹調方式

❶ 將400毫升的水與海瓜子倒入鍋中，
以小火加熱。

❷ 豆皮先橫切成兩半，再切成1公分寬
的片狀。步驟❶的海瓜子煮開後，倒
入豆皮、醬油與鹽。盛碗後，可撒點
蔥花。

麻婆水波蛋套餐食譜

烹調者：堀江ひろ子、堀江佐和子

套餐(1人份)

蛋白質	醣
31.0g	12.8g

熱量 515kcal

中式涼拌白菜海帶芽

青椒炒馬鈴薯

麻婆水波蛋

就算使用含醣較高的馬鈴薯，只要花點心思仍能在多達3道菜的情況下設計出低醣菜單利用雞蛋、絞肉、鮪魚、吻仔魚補充蛋白質

[主菜] 利用雞蛋與絞肉，設計高蛋白與低醣的菜色！

蛋白質	醣
23.2g	5.4g

熱量 297kcal

麻婆水波蛋

材料(2人份)

雞蛋：4顆
雞絞肉：150公克

A
鹽：1小匙
醋：2大匙
水：800毫升

B
蠔油：1大匙
醬油、砂糖、太白粉：各1小匙
豆瓣醬：少許

蔥花：30公克

烹調方式

❶ 將食材A倒入鍋中，煮滾後轉成小火，讓液面不會一直冒泡泡。將雞蛋分別打入碗裡，並將碗浸入熱水中，再讓雞蛋輕輕滑入熱水，煮到喜歡的熟度為止。瀝乾後盛入碗。

❷ 將絞肉、食材B倒入平底鍋攪拌均勻，再開火炒散絞肉。倒入100毫升的水，煮滾後，拌入蔥花，再淋在步驟❶的食材上。可視個人口味淋點辣油。

[配菜] 馬鈴薯是高醣食材，所以要控制分量

青椒炒馬鈴薯

蛋白質	醣
5.4g	5.1g

熱量 154kcal

材料(2人份)

馬鈴薯：1顆(100公克)
青椒：2棵
鮪魚：1小罐

蒜末：1瓣量
鹽、胡椒：各少許
麻油：2小匙

烹調方式

❶ 馬鈴薯先切成像火柴棒一樣細的細籤，再泡在水裡備用。青椒以橫刀切成細條。鮪魚先瀝乾湯汁。

❷ 將麻油、蒜末倒入平底鍋，炒至飄出香氣後，倒入步驟❶的食材拌炒，再以鹽與胡椒調味。

[配菜] 白菜只需以微波爐加熱2分鐘就完成了

蛋白質	醣
2.4g	2.3g

熱量 64kcal

中式涼拌白菜海帶芽

材料(2人份)

白菜：150公克
切成段的海帶芽：3公克
生薑：1塊

A
吻仔魚：2大匙
醬油、醋、麻油：各2小匙

烹調方式

❶ 白菜切成短段後，以保鮮膜包起來，送入微波爐加熱2分鐘再瀝乾。

❷ 將生薑切成絲後，泡發海帶芽。將兩者倒入大碗，再拌入步驟❶的食材與食材A。

蒜味美乃滋香煎雞胸肉套餐食譜

烹調者：堀江幸子

［主菜］

以酒揉醃並裹上一層麵粉再煎，雞胸肉也能變軟嫩

蒜味美乃滋香煎雞胸肉

材料(2人份)

雞胸肉：1大塊(320公克)

A｜鹽：1/3小匙
　｜胡椒：少許
　｜酒：1大匙

麵粉：1大匙

B｜美乃滋：1大匙
　｜蒜末：1瓣量
　｜醬油：1/2大匙

沙拉油：適量

烹調方式

❶ 利用食材A揉醃切成一口大小的雞肉之後，裹上一層麵粉。食材B先調勻。

❷ 以平底鍋加熱沙拉油之後，放入步驟❶的雞肉，一邊翻動一邊煎熟，再拌入食材B。可在盤底鋪上切成短段的水菜，再將煮熟的食材盛盤。

蛋白質	醣
28.6g	4.8g

❙ 熱量 446kcal ❙

［配菜］

利用蝦仁的甜味淡雅做出手工沙拉淋醬調味

千島醬蝦仁沙拉

材料(2人份)

蝦仁：100公克

萵苣：3~4瓣

青椒：1棵

A｜美乃滋：3大匙
　｜番茄醬、檸檬汁、蜂蜜：各1小匙

烹調方式

❶ 蝦仁先汆熟。食材A先調勻。

❷ 將撕成小塊的萵苣與切成細條的青椒盛盤，鋪上蝦仁再淋上食材A。

蛋白質	醣
9.0g	5.3g

❙ 熱量 183kcal ❙

［湯品］

讓半熟蛋裹附在煮成軟爛的白菜上，就能嚐到十分美味的湯品

水波蛋白菜湯

材料(2人份)

白菜：150公克

雞蛋：2顆

白高湯：3大匙

鹽：適量

烹調方式

❶ 將切成1~2公分寬的白菜倒入鍋中，再倒入400毫升的水與白高湯加熱。

❷ 白菜煮軟後輕輕地打顆蛋，煮到適當的熟度後再以鹽調味。盛碗後，可視個人口味撒點胡椒。

蛋白質	醣
6.8g	3.2g

❙ 熱量 90kcal ❙

3道菜含醣低於15g！增肌減脂低醣套餐食譜

千島醬蝦仁沙拉

水波蛋白菜湯

蒜味美乃滋香煎雞胸肉

利用雞肉、蝦仁、雞蛋分別製做3道菜

就能攝取到足夠的蛋白質，又能兼顧低醣的需求

大量使用蔬菜打造營養均衡、口感十足的西式菜色

套餐（1人份）

蛋白質	醣
44.4g	13.3g

熱量 719kcal

山苦瓜豆腐炒蛋套餐食譜

烹調者：檢見崎聰美

加了豬碎肉的山苦瓜豆腐炒蛋
是蛋白質含量高達 30 公克的高蛋白主菜
以蔬菜為主的配菜也能達成低醣目標！

套餐(1 人份)

蛋白質	醣
35.8g	14.8g

熱量 504kcal

番茄青椒味噌冷湯

醋漬芹菜竹輪

山苦瓜豆腐炒蛋

[主菜] 只有 1.8 公克醣！卻含有大量蛋白質

蛋白質	醣
30.0g	1.8g

熱量 408kcal

山苦瓜豆腐炒蛋

材料(2人份)

山苦瓜：1/2根(150公克)　　鹽：少許
木棉豆腐：1塊(300公克)　　沙拉油：1/2大匙
豬碎肉：150公克　　　　　　柴魚片：3公克
雞蛋：2顆

烹調方式

❶ 將山苦瓜剖成兩半再切成薄片。雞蛋先打成蛋液。

❷ 利用平底鍋加熱沙拉油，再放入豬肉。炒熟後倒入苦瓜，撒鹽，再倒入撕碎的豆腐。

❸ 煮到湯汁收乾，山苦瓜變軟後，均勻淋入蛋液再拌炒均勻。盛盤後，撒上柴魚片。

[配菜] 芹菜的香氣與竹輪的鮮美完美融合

蛋白質	醣
3.8g	8.1g

熱量 57kcal

醋漬芹菜竹輪

材料(2人份)

芹菜：80公克
竹輪：2根(60公克)

A
醋：2大匙
砂糖：2小匙
鹽：少許

烹調方式

❶ 芹菜先以斜刀切成薄片，再泡進鹽水(200毫升水與1小匙鹽，非事先準備的食材)，泡軟後擠乾水分。竹輪先剖半再斜刀切成片。

❷ 將食材A倒入大碗攪拌均勻之後，拌入步驟❶的食材。盛盤後，可以撒點青海苔粉。

[湯品] 烤過的蔬菜味道又香又濃

蛋白質	醣
2.0g	4.9g

熱量 39kcal

番茄青椒味噌冷湯

材料(2人份)

小番茄：6顆
青椒：2棵
高湯：300毫升
味噌：4小匙

烹調方式

❶ 將高湯倒入鍋中煮滾後，調入味噌，關火放涼，再送進冰箱冷藏。

❷ 將小番茄與青椒放在烤架上烤至焦香後，放入碗中，再將步驟❶的食材倒進去。

66

雞胸肉番茄炒蛋套餐食譜

烹調者：檢見崎聰美

套餐（1人份）

蛋白質	醣
32.9g	14.8g

熱量 502kcal

香烤茄子鮪魚沙拉

西式芹菜培根湯

雞胸肉番茄炒蛋

透過雞肉與 3 顆雞蛋補充滿滿的蛋白質
利用低醣的美乃滋鮪魚與
蔬菜湯增加味道的變化

[主菜] 番茄的酸與番茄醬的甜味
使味道融合在一起

雞胸肉番茄炒蛋

蛋白質	醣
24.7g	10.3g

熱量 264kcal

材料（2人份）

雞胸肉（去皮）：1/2塊（160公克）　雞蛋：3顆
番茄：1顆（200公克）　　　　　　番茄醬：2大匙
洋蔥：50公克　　　　　　　　　　鹽、胡椒：各少許
　　　　　　　　　　　　　　　　橄欖油：1/2大匙

烹調方式

❶ 雞肉先切成1公分的丁狀。番茄切成一口大小，洋蔥切成1公分丁狀。雞蛋先打成蛋液。

❷ 利用平底鍋加熱橄欖油，再倒入雞肉、洋蔥，炒至雞肉變色後，倒入番茄，接著倒入番茄醬、鹽、胡椒拌炒，再均勻淋入蛋液，等到蛋液煮熟即可。

[配菜] 建議使用低醣的美乃滋替沙拉調味

香烤茄子鮪魚沙拉

蛋白質	醣
5.7g	2.9g

熱量 150kcal

材料（2人份）

茄子：2顆　　　　美乃滋：1大匙
鮪魚罐頭：1小罐　鹽、胡椒：各少許
洋蔥：25公克

烹調方式

❶ 茄子放在烤架上，烤到快焦為止。去皮後，切成一口大小。

❷ 將切成末的洋蔥倒入大碗，再拌入瀝乾的鮪魚與美乃滋。倒入步驟❶的食材，再用鹽與胡椒調味。盛整後，可附上一些生菜。

[湯品] 利用富含蛋白質的食材作為湯料

西式芹菜培根湯

蛋白質	醣
2.5g	1.6g

熱量 88kcal

材料（2人份）

芹菜：40公克
培根片：40公克
胡蘿蔔：20公克
高湯塊（雞高湯）：1/2塊
鹽、胡椒：各少許

烹調方式

❶ 芹菜、培根都切成1公分丁狀，胡蘿蔔切成7~8公釐的丁狀。

❷ 將300毫升的熱水與高湯塊倒入鍋中加熱，再倒入步驟❶的食材。煮滾後，調整小火，慢煮5~6分鐘，再以鹽、胡椒調味。

手工製金針菇雞肉香腸套餐食譜

烹調者：沼津理惠

用保鮮膜包起來加熱，就像是自家手工製做的香腸！用一顆雞蛋做油炸什錦的麵衣與湯料，是個聰明省錢又低醣的料理

[主菜] 就算1人吃3根，也只有1.6g醣！

手工製 金針菇雞肉香腸

蛋白質	醣
17.4g	1.6g

| 熱量 210kcal |

材料(2人份)

雞絞肉：230公克
金針菇：1/2大包(80公克)

A
┌ 蒜末：1小匙
│ 乾燥鼠尾草(非必要)：1/2小匙
│ 鹽：1/2小匙
└ 胡椒：少許

烹調方式

❶ 金針菇先切成末，倒入大碗，再倒入絞肉與食材A，然後攪拌至出現黏性為止。

❷ 將步驟❶的食材分成6等分，再分別利用保鮮膜包成香腸狀，然後排在耐熱盤上面，再送入微波爐加熱5分鐘。撕掉保鮮膜後盛盤，可附上紅葉萵苣或是顆粒黃芥末醬。

[配菜] 徹底打發蛋白可讓麵衣變得更有分量

蛋白質	醣
8.9g	3.6g

| 熱量 148kcal |

香炸喜相逢

材料(2人份)

柳葉魚：4尾(120公克)
蛋白：1/2顆量(20公克，剩下的用於製做湯品)
麵粉：1大匙
沙拉油：適量

烹調方式

❶ 將蛋白倒入大碗，打發至能夠拉出尖角，尖角卻不倒塌的程度，再倒入麵粉慢慢攪拌，盡可能不要讓泡泡破裂。

❷ 將步驟❶的食材裹在柳葉魚表面，再將柳葉魚放入熱好沙拉油的平底鍋，以半煎半炸的方式炸熟。

套餐(1人份)

蛋白質	醣
30.2g	5.9g

熱量 413kcal

起司蛋花湯

香炸喜相逢

手工製 金針菇雞肉香腸

[湯品] 以配菜用剩的雞蛋與起司粉增加香醇風味

蛋白質	醣
3.9g	0.7g

| 熱量 55kcal |

起司蛋花湯

材料(2人份)

蛋黃：1顆量
蛋白：1/2顆量
起司粉：1大匙
高湯：300毫升
鹽：1/4小匙
胡椒：少許
煮熟的豌豆：2根

烹調方式

❶ 將蛋黃、蛋白與起司粉倒入大碗攪拌均勻。

❷ 將高湯倒入鍋中加熱至沸騰後，加鹽與胡椒，再逐量倒入步驟❶的食材。煮成蛋花之後盛碗，再放入斜切成兩半的豌豆。

鹽味鮭魚青椒炒蛋套餐食譜

烹調者：檢見崎聰美

利用鮭魚與雞蛋的組合設計高蛋白低醣食譜
配菜則是讓人口腔味道清爽的涼拌菜
以及補充蛋白質的雞柳湯

小黃瓜雞柳薑湯

麻油涼拌豆芽菜海帶芽蟹肉棒

套餐(1人份)

蛋白質	醣
32.8g	7.3g

熱量 358kcal

鹽味鮭魚青椒炒蛋

[主菜] 加入 3 顆雞蛋，讓顏色與口感都升級

鹽味鮭魚青椒炒蛋

蛋白質	醣
16.7g	2.1g

∣ 熱量 245kcal ∣

材料(2人份)

鹽味鮭魚：1塊（淨重80公克）　鹽、胡椒：各少許
青椒：5棵　　　　　　　　　　沙拉油：1大匙
雞蛋：3顆

烹調方式

❶ 鹽味鮭魚先煎熟再拆散。青椒先剖半再切成7~8公釐寬的條狀。雞蛋打成蛋液。

❷ 用平底鍋熱油後，放入鮭魚與青椒拌炒。炒到青椒顏色變鮮豔，再利用鹽與胡椒調味。最後均勻淋入蛋液，炒到雞蛋變得蓬鬆為止。

[配菜] 用甜甜的蟹肉棒減少醣量

麻油涼拌豆芽菜海帶芽蟹肉棒

蛋白質	醣
4.4g	3.5g

∣ 熱量 47kcal ∣

材料(2人份)

豆芽菜：80公克
切短的海帶芽：4公克
蟹肉棒：6根（60公克）
鹽：少許
麻油：1/2小匙
醋：2小匙

烹調方式

❶ 豆芽菜先汆燙，海帶芽先泡發再快速汆燙一遍。蟹肉棒切成2公分長。

❷ 將步驟❶的食材倒入大碗，再依序拌入鹽、麻油與醋。

[湯品] 連湯品都能大量補充蛋白質

蛋白質	醣
11.7g	1.7g

∣ 熱量 66kcal ∣

小黃瓜雞柳薑湯

材料(2人份)

小黃瓜：1根（80公克）
雞柳：120公克
生薑：1塊
高湯塊：1/2塊
鹽、胡椒：各少許

烹調方式

❶ 先利用削皮刀在小黃瓜的表面刨出條紋。剖成兩半後，以斜刀切成5公釐厚的薄片。生薑切成絲，雞柳先去筋再切片成一口大小。

❷ 將300毫升的熱水與雞湯塊倒入鍋中加熱，再倒入雞柳。雞柳煮熟後，倒入小黃瓜與生薑，煮1~2分鐘。最後以鹽、胡椒調味。

經濟實惠的美乃滋蝦仁套餐食譜

烹調者：沼津理惠

用杏鮑菇代替減少的蝦仁
以降低整道菜的成本
用配菜的油豆腐與花枝補充蛋白質
就算有 3 道菜也只含少少的醣！

[主菜] 杏鮑菇切得大塊一點可增加口感

經濟實惠的美乃滋蝦仁

蛋白質	醣
16.1g	3.6g

| 熱量 184kcal |

材料(2人份)

白蝦蝦仁：10尾（淨重220公克）
杏鮑菇：3根

A
- 美乃滋：2大匙
- 原味優格：1大匙
- 砂糖：1/2小匙
- 鹽、胡椒：各少許

皺葉萵苣：適量

烹調方式

❶ 蝦仁先去除腸泥，再撒點鹽（非事先準備的食材）揉醃，洗乾淨之後擦乾備用。杏鮑菇先將蕈柄切成1.5公分厚的圓片，蕈傘的部分剖成4等分。

❷ 將步驟❶的食材倒入熱水汆燙後，撈起來備用。

❸ 將食材A倒入大碗，攪拌均勻後，倒入步驟❷的食材再攪拌均勻。將撕成小塊的皺葉萵苣鋪在盤子上，再鋪上剛剛的食材。

香煎微辣油豆腐

韓式小菜風味的
涼拌芹菜花枝

經濟實惠的美乃滋蝦仁

套餐(1人份)

蛋白質	醣
30.1g	5.4g

| 熱量 390kcal |

[配菜] 主要食材只有油豆腐
就能完成這道配菜！

香煎微辣油豆腐

蛋白質	醣
10.5g	0.8g

| 熱量 164kcal |

材料(2人份)

油豆腐：200公克
豆瓣醬：1/4小匙
蠔油：1小匙
麻油：1小匙

烹調方式

❶ 油豆腐先切成1.5公分的丁狀，再放入熱好麻油的平底鍋炒熟。

❷ 炒出香氣與炒熟後，倒入豆瓣醬與蠔油，繼續炒1~2分鐘。

[配菜] 有如麵條的花枝很容易
烹調，醣含量也相當低

蛋白質	醣
3.5g	1.0g

| 熱量 42kcal |

韓式小菜風味的涼拌芹菜花枝

材料(2人份)

芹菜（帶葉）：100公克
花枝細條：50公克
麻油：1小匙
鹽：1/4小匙

烹調方式

❶ 芹菜先斜刀切成薄片，葉子先切成短段。倒入大碗後，拌入麻油與鹽。

❷ 芹菜變軟後，拌入花枝即可。

蛋白質套餐的 替代菜色

替換 PART1 套餐食譜的 1-2 道菜色，組成全新的套餐

這是能避免餐餐一成不變的單品料理集，特色是：

● 主菜部分，每個人都可以攝取 15 公克以上的蛋白質

● 在配菜、湯品的部分，每個人都能攝取 5 公克以上的蛋白質

● 每道菜的 1 人份食材費都不到 199 日圓

（編按：即台幣不到 50 元，但因台日食材價格不一，僅供參考）

雞肉主菜

將蛋白質豐富的雞肉做成韓式炸雞

洋釀炸雞

材料（2人份）

雞胸肉：1大塊（330公克）

A
蒜泥、薑泥：各1瓣量
酒：1大匙
醬油：1/2大匙
鹽、胡椒：各少許

太白粉：適量

B
番茄醬：1/2大匙
韓式辣椒醬、酒：各1大匙
醬油：1/2小匙
蜂蜜：1小匙

沙拉油：適量

烹調方式

❶ 將切成一口大小的雞肉倒入大碗，再倒入食材A揉醃。

❷ 在平底鍋倒入深度約1公分的沙拉油，再放入表面裹了一層太白粉的步驟❶食材，以半煎半炸的方式炸熟後，取出備用。

❸ 擦乾平底鍋之後倒入食材B，加熱至冒泡後，倒回步驟❷的食材，再讓醬汁均勻沾裹雞塊。盛盤後，可附上葉菜類蔬菜。

烹調者：堀江幸子

蛋白質	醣
29.8g	26.6g

| 熱量 511cal |

利用歐芹麵包粉的麵衣讓雞胸肉變得多汁

香草雞排佐焦香地瓜

材料（2人份）

雞胸肉：1塊（250公克）

地瓜：1條（200公克）

A
鹽：1/2小匙
胡椒、蒜粉：各少許

B 麵粉、牛奶：各3大匙

C
麵包粉：1杯
歐芹粉：10公克

沙拉油：適量

鹽：適量

烹調方式

❶ 雞肉先片成大塊，再以食材A揉醃。先將食材B與食材C分別調勻。

❷ 將食材B裹在步驟❶的雞肉表面，再裹上食材C，然後放入熱好沙拉油的平底，以半煎以炸的方式炸熟。

❸ 利用廚房紙巾包住地瓜，過一下水，再用保鮮膜包起來，送入微波爐加熱4分鐘。放涼後，撕成大塊，再利用步驟❷的油將地瓜炸至金黃酥香。最後撒鹽調味。

烹調者：堀江ひろ子、堀江佐和子

蛋白質	醣
26.7g	52.5g

| 熱量 607kcal |

蛋白質	醣
27.2g	20.9g
熱量 502cal	

蛋白質	醣
20.6g	7.2g
熱量 153kcal	

蛋白質	醣
18.7g	6.6g
熱量 218kcal	

在味道清淡的雞胸肉淋上塔塔醬，滿足口腹之慾

南蠻炸雞佐辣薤塔塔醬

材料（2人份）

雞胸肉：1塊（250公克）
醬油：1大匙
太白粉：2大匙
蛋液：1/2顆量
綠花椰菜：1/2朵
A ┌ 砂糖、醋、水：各2大匙
　└ 鹽：1/4小匙
水煮蛋：1顆
甜醋辣薤：10公克
原味優格、美乃滋：各3大匙
沙拉油：適量

烹調方式

❶ 雞肉先去皮，片成較大的塊狀，再以醬油揉醃，然後裹一層太白粉。食材A先調勻，綠花椰菜先拆成小朵再燙熟。

❷ 將蛋液裹在步驟❶的雞肉表面，再放入熱好沙拉油的平底鍋煎熟，最後淋上食材A再盛盤。

❸ 將水煮蛋與辣薤切成末，再與原味優格、美乃滋拌在一起。淋在步驟❷的食材後，附上綠花椰菜即可。

烹調者：堀江ひろ子、堀江佐和子

少油，並利用蓮藕增加分量

悶煎雞胸肉蓮藕

材料（2人份）

雞胸肉（去皮）：200公克
蓮藕：100公克
香菇：3朵
鹽：少許
酒：2小匙
A ┌ 柚子胡椒：1/8小匙
　├ 醬油：2小匙
　└ 味醂：1/2小匙
麻油：1/2小匙

烹調方式

❶ 將雞肉切成片狀再撒鹽。蓮藕切成半月形的薄片，泡入水中，再撈出來瀝乾。香菇先切成薄片。

❷ 在平底鍋鍋底均勻淋入麻油，再依序將蓮藕、雞肉、香菇疊在鍋底，然後從鍋邊均勻淋酒，蓋上鍋蓋，轉成中火。冒出蒸氣後，轉成小火，悶煎10分鐘。

❸ 均勻淋入調勻的食材A，再蓋上鍋蓋悶煎2~3分鐘。

烹調者：岩崎啟子

酒粕的甜味會緩緩地滲入身體

酒粕燉煮雞翅膀白菜

材料（2人份）

雞翅小腿：6根（300公克）
白菜：250公克
酒粕：40公克
A ┌ 昆布（3公分見方）：1塊
　├ 酒：1大匙
　└ 水：250毫升
鹽：少許
蔥花：少許

烹調方式

❶ 將食材A倒入鍋中靜置20分鐘，再將撕成小塊的酒粕倒入大碗，然後倒入50毫升的水，淹過酒粕。白菜先切成大段。

❷ 加熱步驟❶的鍋子。煮滾後，倒入雞翅小腿。撈除浮沫後，蓋上鍋蓋煮20分鐘。

❸ 倒入白菜，蓋上鍋蓋，煮7~8分鐘，直到煮軟為止。接著調入步驟❶的酒粕。煮滾後，以鹽調味。盛碗後，撒上蔥花。

烹調者：檢見崎聰美

蛋白質	醣
27.6g	21.5g

| 熱量 331kcal |

雞胸肉乾燒蝦仁

材料（2人份）

雞胸肉：1大塊（300公克）
鹽、胡椒：各少許
太白粉：1大匙
洋蔥：1/2顆
生薑、大蒜：各1瓣
豆瓣醬：1/2~1小匙

A ［番茄醬、水：各3大匙
酒：1大匙
醬油、砂糖：各2小匙
雞高湯粉：1小匙］

B ［太白粉、水：各1小匙
芝麻油：2小匙］

萵苣：1/3顆（100克）

烹調方式

❶ 在切成一口大小的雞肉撒點鹽與胡椒，再裹一層太白粉。將雞肉放入熱水汆燙3分鐘，再瀝乾。先將食材A與B分別調勻。

❷ 將洋蔥、生薑、大蒜切成末。

❸ 利用平底鍋加熱麻油後，倒入豆瓣醬與步驟❷的食材爆香，再倒入食材A與雞肉，然後讓醬汁沾附在雞肉表面。均勻淋入以食材B調成的太白粉水勾芡。

❹ 將萵苣切成5公釐寬的細條，鋪在盤底，再鋪上步驟❸的食材。

烹調者：牛尾理惠

油漬白斬雞

材料（4人份）

雞胸肉：2塊（560公克）
鹽：1/2小匙
酒：2小匙
青椒末：1棵量
洋蔥末：1/4顆量

A ［酸橘醋醬油：4大匙
麻油：1大匙］

烹調方式

❶ 先在雞肉表面抹一層鹽，鋪在耐熱盤之後，淋酒，罩一層寬鬆的保鮮膜，送入微波爐加熱5分鐘。翻面後，繼續加熱2~3分鐘。

❷ 將青椒與洋蔥鋪在步驟❶食材的表面，再罩上一層寬鬆的保鮮膜，送入微波爐加熱50秒。

❸ 待餘熱散去後，將雞肉切成片，然後連同湯汁一併倒入容器。鋪上洋蔥、青椒，再均勻淋入事先調勻的食材A，靜置15分鐘等待入味。

烹調者：堀江幸子

蛋白質	醣
24.9g	3.2g

| 熱量 229kcal |

蛋白質 29.4g　**醣** 4.8g
| 熱量 346kcal |

蛋白質 22.7g　**醣** 12.1g
| 熱量 325kcal |

蛋白質 18.1g　**醣** 12.0g
| 熱量 275kcal |

肉汁多到令人驚訝
燉煮多汁雞肉

材料（4人份）

雞腿肉：2塊（600公克）

A
┌ 生薑、蔥綠：各適量
│ 醬油：150毫升
│ 酒：100毫升
│ 砂糖：4~6大匙
│ 八角、花椒：各少許
└ 水：400毫升

半熟水煮蛋：2顆

白髮蔥：適量

烹調方式

❶ 雞肉先在室溫靜置20~30分鐘。

❷ 將食材A倒入鍋中，煮滾後，逐次將每塊雞肉鋪在鍋底，蓋上鍋蓋，讓雞肉靜靜地待在鍋底悶煮3分鐘再關火。讓雞肉泡在湯汁裡面30分至1小時，利用餘熱讓雞肉熟透，再從湯汁取出備用。

❸ 將水煮蛋泡在步驟❷的湯汁1小時。

❹ 將步驟❷的肉切成方便食用的大小後，盛盤，鋪上白髮蔥，再將切成一半的步驟❸水煮蛋附在旁邊。

烹調者：堀江佐和子

利用根莖類蔬菜讓這道雞腿肉變得更有分量
鹹甜番茄醬炒雞腿肉與根莖類蔬菜

材料（2人份）

雞腿肉：1塊（250公克）

牛蒡：40公克

蓮藕：40公克

胡蘿蔔：40公克

蔥：1/2根

A
┌ 紅辣椒段：1根量
│ 番茄醬：2大匙
│ 酒：1大匙
│ 醬油：2小匙
└ 麻油：1/2大匙

烹調方式

❶ 牛蒡先以斜刀切成4~5公釐厚的薄片，蓮藕切成4~5公釐厚的銀杏狀薄片。牛蒡與胡蘿蔔先燙熟，蔥先切成2公分長。

❷ 雞肉片成7~8公釐厚的片狀。食材A先調勻。

❸ 以平底鍋加熱麻油後，倒入雞肉炒到快熟，再倒入步驟❶的食材，與雞肉充分融合再倒入食材A，炒到湯汁收乾為止。盛盤後，可附上蔥絲。

烹調者：檢見崎聰美

能同時攝取蛋白質與維生素的蔬菜鍋
小松菜馬鈴薯雞翅膀鍋

材料（2人份）

雞翅膀：6支（淨重180公克）

小松菜：1把（250公克）

馬鈴薯：1顆

蔥：1根（100公克）

A
┌ 雞高湯粉：2小匙
│ 薑片（帶皮）：1塊量
│ 蔥綠：1根量
└ 水：800毫升

烹調方式

❶ 雞翅膀從關節的部分切開，分成雞翅小腿與雞翅膀。沿著雞翅小腿的骨切劃入刀口。小松菜先切成短段。馬鈴薯先切成7公釐厚的半月形薄片，再泡水5分鐘並撈出來瀝乾。蔥先切成小段。

❷ 將雞翅小腿、雞翅膀與食材A倒入鍋中。煮滾後，撈除浮沫，再以小火煮20分鐘。倒入馬鈴薯、蔥，煮5分鐘，再倒入小松菜快速煮一下。最後可視個人口味淋點辣油。

烹調者：牧野直子

慢慢悶煎的雞胸肉搭配以牛蒡做的西式醬料

雞排佐牛蒡醬

材料（2人份）

雞胸肉（去皮）：1大塊（300公克）
鹽：1/4小匙
A [胡椒：少許
    牛蒡：60公克]
大蒜：1/2瓣
紅酒：1大匙
B [番茄醬：1大匙
    醬油、伍斯特醬：各1小匙
    水：2大匙
    鹽、胡椒：各少許]
橄欖油：1/2小匙
奶油：2小匙

烹調方式

❶ 雞肉切片成一半的厚度，再撒上食材A。牛蒡先以削鉛筆的方式削成細籤，泡水一會兒再撈出來瀝乾。大蒜先切成薄片。

❷ 利用平底鍋加熱橄欖油之後，放入雞肉，一邊翻面，一邊將兩面煎成金黃色。倒入大蒜，蓋上鍋蓋，以小火悶煎4~5分鐘再盛盤。

❸ 將1小匙奶油倒入步驟❷的平底鍋加熱至融化，再倒入牛蒡拌炒。炒軟後倒入紅酒煮一會兒，再拌入食材B。湯汁煮滾後，倒入剩下的奶油。奶油融化後，以鹽、胡椒調味，再淋在步驟❷的食材。最後可附上西洋菜。

烹調者：岩崎啟子

用咖哩粉與醬油增添風味，再加入焦香的杏仁

香辣白花菜炒雞肉

材料（2人份）

雞腿肉：1塊（250公克）
白花菜：150公克
杏仁：40公克
鹽、胡椒：各少許
紅辣椒：1根
生薑：1塊
咖哩粉：1/2戚匙
A [醬油：1小匙
    鹽、胡椒：各少許]
橄欖油：1大匙

烹調方式

❶ 雞肉先切成一口大小，再撒鹽與胡椒粉。白花菜切成1公分厚，杏仁先碾成粗塊。紅辣椒先刮除種子，生薑先切成末。

❷ 利用平底鍋加熱橄欖油之後，以雞皮朝下的方向放入雞肉。煎到焦香後翻面，再倒入紅辣椒與生薑。雞肉煮熟後，倒入白花菜與杏仁拌炒。

❸ 投入咖哩粉再以食材A調味。盛盤後，可撒點義大利歐芹。

烹調者：牛尾理惠

利用歐芹與檸檬增加清爽的成熟風味，美乃滋為這道菜畫龍點睛

起司麵包粉香烤雞翅

材料（2人份）

雞翅膀：6支（1支60公克）
A [白葡萄酒：2小匙多
    檸檬：1/2大匙
    乾燥歐芹：1/4大匙
    鹽：1小匙
    粗黑胡椒：適量]
麵包粉：40公克
起司粉：1大匙
美乃滋：適量

烹調方式

❶ 將食材A倒入保鮮袋調勻，再倒入雞翅膀，封住袋口揉醃。放在冰箱靜置3小時以上。

❷ 將麵包粉與起司粉拌在一起後，裹在步驟❶的雞肉表面，再以雞皮朝上的方向，鋪在墊了一層烘焙紙的烤盤上，再擠入美乃滋。送入預熱至250℃的烤箱烤12~15分鐘。盛盤後，可附上小番茄與歐芹。

烹調者：堀江幸子

蛋白質 29.6g　醣 6.6g
熱量 228kcal

蛋白質 26.4g　醣 3.9g
熱量 434kcal

蛋白質 18.6g　醣 12.8g
熱量 317kcal

蛋白質 27.9g　**醣** 16.3g
｜ 熱量 343kcal ｜

蛋白質 28.4g　**醣** 3.1g
｜ 熱量 436kcal ｜

蛋白質 18.2g　**醣** 6.5g
｜ 熱量 124kcal ｜

在多汁的雞胸肉淋上鹹甜濃稠的醬汁，就能配飯或配麵包吃

油亮亮的照燒雞肉

材料（2人份）

雞胸肉：1塊（300公克）
鹽：1/4小匙
麵粉：1大匙
A ┌ 醬油、味醂：各2大匙
　 └ 酒、砂糖：各1小匙
沙拉油：2小匙
萵苣：適量
切成半圓形的番茄片：1/2顆
美乃滋：1大匙

烹調方式

❶ 雞肉從較厚的部分切成兩半，再撒鹽與裹一層麵粉。

❷ 利用平底鍋加熱沙拉油之後，以雞皮朝下的方向將步驟❶的食材放入鍋中煎3分鐘，翻面再煎3分鐘，直到兩面焦出顏色，再倒入食材A，一邊搖晃平底鍋，一邊讓醬汁沾附在食材表面。

❸ 將雞肉切成方便入口的大小後盛盤，再附上萵苣、番茄與美乃滋。

烹調者：牛尾理惠

梅肉與歐芹非常對味，這道菜的蛋白質也非常高！

油漬梅肉蘿蔔歐芹炒雞肉

材料（2人份）

雞腿肉：1塊（330公克）
白蘿蔔：5公分（約180公克）
梅乾：2小顆
A ┌ 橄欖油：1大匙
　 │ 鹽：少許
　 └ 粗黑胡椒：適量
B ┌ 鹽：1/2小匙
　 │ 粗黑胡椒：少許
　 └ 乾燥歐芹：1小匙
酒、沙拉油：各1大匙

烹調方式

❶ 白蘿蔔切成5~6公釐立方、5公分長的棒狀。梅乾先去籽再剁成泥（淨重1大匙，約15ml）。

❷ 將步驟❶的食材與食材A倒入保鮮袋後，封好袋口再揉醃。放入冰箱冷藏3小時以上。

❸ 將雞肉切成一口大小，再裹一層食材B。待醃漬入味後，放入熱好沙拉油的平底，煎到均勻變色。倒酒，蓋上鍋蓋，悶煎至熟透為止，再倒入步驟❷的食材，稍微拌炒一下。盛盤後，可附上歐芹葉。

烹調者：堀江幸子

放了大量的白蘿蔔，湯頭就會變得很甘甜

蘿蔔泥白菜雞柳鍋

材料（2人份）

雞柳：4條（180公克）
白菜：2大瓣（200公克）
白蘿蔔：8公分（200公克）
蔥：1/2根
小蔥：5根
A ┌ 昆布（10公分見方）：1片
　 └ 水：600毫升
柚子胡椒：適量

烹調方式

❶ 雞柳先去筋，以　麵棍打薄，再切成薄片。白菜切成小段，白蘿蔔磨成泥。蔥斜切成1公分厚的薄片，小蔥切成蔥花。

❷ 將食材A倒入鍋中煮滾後，倒入白菜與蔥。再次煮滾後，倒入雞柳。煮熟後，倒入蘿蔔泥稍微煮一下，撒入蔥花。將湯汁盛在碗中，再調入柚子胡椒，然後用湯料沾著吃。

烹調者：牧野直子

蛋白質 **18.9**g　醣 **35.3**g

| 熱量 442kcal |

利用鬆軟甜蜜的地瓜填飽肚子

美乃滋醬油地瓜炒豬肉

材料（2人份）

豬碎肉：200公克	鹽、胡椒：各少許
地瓜：200公克	醬油、蜂蜜：各1/2大匙
糯米椒：10根	美乃滋：1大匙

烹調方式

❶ 地瓜連皮切成1公分立方的條狀，再以保鮮膜包起來，送入微波爐加熱2分鐘。如果糯米椒的蒂頭太長，可先切掉一點。

❷ 在豬肉撒鹽、胡椒後，將美乃滋倒入平底鍋加熱，再倒入豬肉，拌炒至表面變色之後，倒入步驟❶的食材，再快速拌炒一下，然後倒入醬油、蜂蜜，邊炒邊讓醬汁沾附食材表面。

烹調者：牛尾理惠

比用整塊肉料理還省時省錢！

東坡肉風味的雞蛋滷碎豬肉

材料（2人份）

豬碎肉：300公克	┌ 蔥綠：10公分
雞蛋：2顆	A │ 生薑片：1片
四季豆：6根	└ 砂糖、酒、醬油：各3大匙
麵粉：1大匙	沙拉油：少許

烹調方式

❶ 將雞蛋放入大量的熱水煮4分鐘，煮到半熟後剝殼。四季豆先切成3等分。

❷ 在豬肉表面均勻裹上麵粉，再分成6等分，然後像是用肉包住肉一樣捏成肉丸，再裹上一層薄薄的麵粉。

❸ 以平底鍋加熱沙拉油之後，放入步驟❷的食材煎到兩面變色。擦乾鍋底多餘的油，再依序倒入食材A，一邊讓醬汁沾附食材表面，一邊煮到食材表面發出光澤為止。

❹ 倒入步驟❶的食材，蓋上鍋蓋悶煮1分鐘之後，掀開鍋蓋，以大火煮到食材表面出現光澤為止。盛盤後，淋入剩下的湯汁。

烹調者：檀野真理子

蛋白質 **33.8**g　醣 **20.2**g

| 熱量 543kcal |

蛋白質	醣
18.0g	4.5g

| 熱量 299kcal |

蛋白質	醣
17.5g	6.9g

| 熱量 265kcal |

蛋白質	醣
18.8g	13.0g

| 熱量 362kcal |

厚厚的肉很有存在感，口感也是滿分

蠔油白蘿蔔炒豬肉

材料（2人份）

豬排專用里肌肉：2塊（200公克）
白蘿蔔：250公克
鹽：1小匙
蘿蔔葉：少許
蒜片：1/2瓣量
A ┌ 蠔油：1/2大匙
  ├ 醬油：1/2小匙
  └ 胡椒：少許
麻油：1/2大匙

烹調方式

❶ 白蘿蔔先切成略厚的短片，再撒鹽拌勻，靜置20分鐘。入味後均勻揉醃，讓蘿蔔片變軟再擠乾水分。將蘿蔔葉切成末，豬肉切成7~8公釐寬。

❷ 利用平底鍋加熱麻油，倒入蒜片與豬肉，炒到豬肉熟透後，倒入白蘿蔔拌炒。炒至味道融合後，倒入食材A，炒到湯汁收乾再倒入蘿蔔葉。

烹調者：檢見崎聰美

不需用到平底鍋！分 2 次微波加熱是這道菜的祕訣

微波清蒸山苦瓜豬肉

材料（2人份）

豬碎肉：150公克
A ┌ 洋蔥薄片：1/2顆量
  ├ 蠔油：1大匙
  ├ 酒：1/2大匙
  └ 醬油：1/4大匙
山苦瓜：1根
雞蛋：1顆
鹽：適量
粗黑胡椒：少許

烹調方式

❶ 將食材A倒入保鮮袋調勻後，倒入豬肉，封好袋口，再揉醃，讓醬汁沾附在食材表面後，送入冷箱冷藏2小時

❷ 將山苦瓜剖成一半，切成薄片，然後撒點鹽揉醃，再泡在水裡5~10分鐘。瀝乾後倒入耐熱碗，再拌入步驟❶的食材。罩一層寬鬆的保鮮膜，送入微波爐加熱4分鐘。

❸ 豬肉熟透後稍微攪拌一下，再倒入蛋液，然後罩回保鮮膜，送入微波爐加熱1~2分鐘。稍微攪拌後，利用些許的鹽與黑胡椒調味。

烹調者：堀江幸子

利用青紫蘇的風味與山藥的清脆感營造清爽滋味

微辣山藥炒豬碎肉

材料（2人份）

豬碎肉：200公克
山藥：淨重120公克
青紫蘇：3瓣
薑絲：1塊量
豆瓣醬：1小匙
醬油、味醂：各1大匙
麻油：1大匙

烹調方式

❶ 山藥先切成1公分立方的條狀，青紫蘇先撕成小片。

❷ 將生薑、豆瓣醬、麻油倒入平底鍋，加熱至麻油油溫上來後倒入豬肉。豬肉炒開與炒熟後，倒入醬油與味醂再拌炒一下。

❸ 倒入山藥後，稍微炒2~3分鐘，保留山藥的清脆口感。最後撒點青紫蘇，再快速攪拌一下。

烹調者：檀野真理子

油豆腐與青椒切大塊一點，
就能讓這道菜看起來像是大餐

蠔油油豆腐炒豬碎肉

材料（2人份）

豬碎肉：200公克
油豆腐：1塊
青椒：3顆

A
蒜末：1小匙
蠔油：2大匙
醬油、麻油：各1大匙
砂糖：1小匙

烹調方式

❶ 將豬肉倒入保鮮袋，再倒入食材A揉醃。靜置5分鐘。

❷ 油豆腐先用廚房紙巾擦掉多餘的油，再切成1.5公分厚的塊狀。
青椒先剖成4等分。

❸ 將豬肉鋪在平底鍋之後加熱。在加熱過程中可不時上下翻動豬
肉。煎熟後，倒入步驟❷的食材，蓋上鍋蓋悶煎1分鐘。掀開鍋
蓋，大幅攪拌，讓所有食材均勻沾附味道。

烹調者：檀野真理子

蛋白質	醣
29.5g	8.0g

Ⅰ 熱量 489kcal Ⅰ

蛋白質	醣
18.8g	13.8g

Ⅰ 熱量 383kcal Ⅰ

利用酸味圓潤的黑醋與香甜的蜂蜜增加香醇滋味

黑醋馬鈴薯炒豬肉

材料（2人份）

豬碎肉：200公克
馬鈴薯：1顆（150公克）
木耳：50公克
生薑：1塊
蔥：1/4根
鹽、胡椒：各少許

A
黑醋：1大匙
醬油、蜂蜜：各2小匙

麻油：1大匙

烹調方式

❶ 馬鈴薯先切成5公釐立方的條狀，木耳、生薑先切成細條。蔥先
剖成一半，再以斜刀切成薄片。

❷ 在豬肉撒鹽與胡椒之後，倒入熱好麻油的平底鍋，炒到表面變
色後，倒入步驟❶的食材拌炒均勻。淋上食材A之後拌炒均勻。

烹調者：牛尾理惠

15g⁺ 蛋白質套餐替代主菜（豬肉）

在蔬菜與冬粉倒入鹽漬豬肉的高湯，煮出濃稠的口感

什錦冬粉鹽漬豬肉

材料（2人份）

豬碎肉：200公克
白菜：1/8顆
金針菇：1/2包
蔥：1根
冬粉：90公克
鹽：適量
粗黑胡椒：少許

烹調方式

❶ 在豬肉撒1小匙鹽，再放入保鮮袋靜置一晚。

❷ 金針菇先拆散，蔥先斜刀切成1公分厚的薄片。

❸ 將撕成小塊的白菜倒入鍋中，再均勻撒入步驟❶、❷的食材。最後鋪上冬粉，倒入400毫升的水，蓋上鍋蓋，以中小火悶煮10~15分鐘。最後以鹽、黑胡椒調味。

烹調者：檀野真理子

蛋白質	醣
19.0g	44.2g

| 熱量 447kcal |

在經典的日式風味中加點辛辣的咖哩粉

醬香咖哩南瓜煮豬肉

材料（2人份）

豬碎肉：200公克
南瓜：1/8顆
洋蔥：1/2顆
大蒜：1瓣
A ┌ 咖哩粉：1小匙
  └ 醬油、味醂：各2大匙
沙拉油：1大匙

烹調方式

❶ 南瓜先切成3公分丁狀。洋蔥、大蒜先切成薄片。

❷ 利用平底鍋加熱沙拉油之後，倒入大蒜、洋蔥、豬肉，炒到洋蔥變軟，倒入食材A，稍微攪拌一下，再倒入南瓜，蓋上鍋蓋，以中小火悶煮3~4分鐘。

❸ 南瓜煮軟後，掀開鍋蓋，再以中火煮1~2分鐘，一邊收乾湯汁，一邊讓醬汁沾附在食材表面。

烹調者：檀野真理子

蛋白質	醣
19.7g	25.0g

| 熱量 411kcal |

以蜂蜜增加醇厚滋味的芝麻味噌與豬肉相當對味

芝麻味噌茄子炒豬肉

材料（2人份）

豬碎肉：200公克
茄子：3顆
味噌：2大匙
蜂蜜：1大匙
白芝麻粉：2大匙
A ┌ 太白粉：1小匙
  └ 水：4大匙
沙拉油：3大匙

烹調方式

❶ 利用味噌、蜂蜜揉醃豬肉。茄子先切成2~3公分厚的圓片，泡水一會兒，撈出來瀝乾。

❷ 利用平底鍋加熱沙拉油，再放入茄子煎至兩面變色與熟透，再將茄子推到鍋子的邊緣，然後倒入豬肉，邊炒開與炒熟。

❸ 豬肉炒熟後，倒入食材A調製的太白粉水，煮到湯汁變得濃稠，再撒入芝麻，均勻攪拌一下。盛盤後，撒點白芝麻粉（額外準備的量）。

烹調者：檀野真理子

蛋白質	醣
21.7g	16.7g

| 熱量 553kcal |

蛋白質	醣
33.0g	21.8g
熱量 575kcal	

不需高成本就很適合在紀念日端上桌！

水煮蛋肉捲

材料（2人份）

綜合絞肉：200公克
木棉豆腐（板豆腐）：150公克
洋蔥末：1/2顆量
奶油：10公克

A
雞蛋：1顆
麵包粉：4大匙
鹽：1/3小匙
胡椒：少許
肉豆蔻粉（非必要）：3~4小撮

水煮蛋：3顆

B
番茄醬：3大匙
中濃醬、法式黃芥末醬：各1大匙
蜂蜜：1小匙

烹調方式

❶ 豆腐先瀝乾。將洋蔥、奶油倒入耐熱碗，再罩上一層寬鬆的保鮮膜，送入微波爐加熱1分鐘30秒，靜置放涼。

❷ 將絞肉、步驟❶的食材、食材A倒入大碗攪拌均勻，再將一半的肉餡填入8×15×高6.5公分的磅蛋糕模具。在上面放水煮蛋之後，再將剩下的肉餡填入模具。送入預熱至200℃的烤箱烤35分鐘。

❸ 待餘熱消退後，切成方便入口的大小，再附上事先調勻的食材B醬汁，也可以附上生菜嫩葉。

烹調者：堀江幸子

肉餡利用味噌調整成日式風味，
這道菜的重點在於香酥的起司

烤起司鑲蓮藕

材料（2人份）

雞絞肉：150公克
蓮藕：200公克
披薩專用起司：40公克

A
蔥花：30公克
味噌：2小匙
鹽、胡椒：各少許
太白粉：2小匙

太白粉：適量
沙拉油：適量

蛋白質	醣
17.4g	20.5g
熱量 349kcal	

烹調方式

❶ 蓮藕切成16等分的圓片之後，泡在水裡備用。將絞肉、食材A倒入大碗攪拌均勻。

❷ 蓮藕瀝乾後，在表面裹一層太白粉，再將步驟❶的肉餡分成8等分，再分別鑲進蓮藕。

❸ 利用平底鍋加熱沙拉油之後，將步驟❷的食材排入鍋中，並在中途翻面，煎到熟透後，取至鍋外備用。

❹ 擦乾平底鍋的油，再依照蓮藕的直徑，將1/8量的起司鋪在蓮藕表面，然後鋪上步驟❸的食材。煎到起司變得酥脆後盛盤，可撒點歐芹末增香。

烹調者：堀江幸子

蛋白質 **19.9g**　醣 **17.5g**

| 熱量 479kcal |

蛋白質 **23.6g**　醣 **31.9g**

| 熱量 589kcal |

蛋白質 **15.6g**　醣 **4.3g**

| 熱量 197kcal |

利用蜂蜜替勾芡的肉味噌提味

芡汁絞肉茄子

材料（2人份）

豬絞肉：200公克
茄子：3顆
A ┌ 蔥花：1/3根量
　│ 味噌：3大匙
　└ 蜂蜜：1/2大匙
薑末：1大匙
太白粉水：適量
沙拉油：3大匙
小蔥蔥花：適量

烹調方式

❶ 茄子先滾刀切塊，再放入熱好的平底鍋煎熟，然後取出備用。

❷ 將絞肉與食材A倒入同一枝平底鍋後，將絞肉炒散與炒熟，再倒入100毫升的水。煮滾後，倒回茄子煮2~3分鐘。

❸ 均勻淋入太白粉水勾芡，再拌入生薑。盛盤後，撒入小蔥。

烹調者：檀野真理子

日式風味的新鮮炸肉餅，可以利用吃剩的金平牛蒡製做

金平牛蒡炸肉餅

材料（2人份）

綜合絞肉：200公克
牛蒡：40公克
胡蘿蔔：10公克
洋蔥末：1/4顆量
A ┌ 醬油、砂糖：各1/2小匙
　└ 酒：1小匙
七味粉：少許

B ┌ 鹽：1/5小匙
　│ 胡椒：少許
　│ 生麵包粉：2大匙
　│ 蛋液：1/2顆量
　└ 白芝麻粉：1大匙
麵粉、麵包粉：各適量

蛋液：1/2顆量
麻油：1小匙
炸油：適量
萵苣：2瓣
山芹菜（鴨兒芹）：5公克

烹調方式

❶ 牛蒡、胡蘿蔔先切成3公分長的細籤，再放入熱好麻油的平底鍋拌炒。倒入食材A，炒到湯汁收乾後，再撒點七味粉。

❷ 將絞肉、食材B倒入大碗，攪拌至出現黏性後，拌入洋蔥與食材❶將肉餡分成6等分再捏成圓盤形，然後依序沾裹麵粉、蛋液與麵包粉，再以160°C的炸油炸3~4分鐘，直到表面炸得酥脆為止。

❸ 萵苣先切細，山芹菜先切成3公分長，再與步驟❷的食材一起盛盤。

烹調者：岩崎啟子

大頭菜連葉子都可入菜，這是一種隱形的省錢妙招

大頭菜雞肉丸湯

材料（2人份）

雞絞肉：200公克
大頭菜（帶葉）：3顆
A ┌ 鹽：1/4小匙
　│ 胡椒：少許
　└ 酒：1/2大匙
B ┌ 月桂葉：1瓣
　│ 高湯塊（雞湯）：1/4塊
　│ 鹽：1/4小匙
　│ 胡椒：少許
　└ 水：400毫升

烹調方式

❶ 將絞肉與食材A倒入大碗，再攪拌至出現黏性為止。

❷ 大頭菜先切掉葉子，預留1公分左右的莖部，再整顆剖成兩半。將40公克的葉子快速汆燙一遍，再切成小段。

❸ 將食材B與大頭菜倒入鍋中煮滾後，將步驟❶的食材分成4等分，捏成球狀，放入鍋中，蓋上鍋蓋，以小火煮20分鐘。最後加點大頭菜的葉子即可。

烹調者：岩崎啟子

多虧咖哩的風味與起司的香醇,讓這道料
理的調味料減至最少

香煎咖哩起司鮭魚

材料(2人份)

生鮮鮭魚:2塊(200公克)	金針菇:1/2 包
A 鹽:1/6 小匙	蓮藕:60公克
醬油:1/2小匙	披薩專用起司:40公克
咖哩粉:1/4 小匙	橄欖油:1小匙
綠花椰菜:60公克	

烹調方式

❶ 先將食材A均勻裹在鮭魚表面,靜置15分鐘。

❷ 綠花椰菜先拆成小朵,再切成1公分厚。金針菇先拆成大朵,蓮藕先切成5公分長的條狀。

❸ 以平底鍋加熱橄欖油,再放入鮭魚煎到兩面變色再關火。在鍋中空白之處放入步驟❷的食材,蓋上鍋蓋,以小火悶煎7~8分鐘。

❹ 將披薩專用起司撒在鮭魚表面,蓋上鍋蓋,繼續悶煎4~5分鐘。盛盤後,撒點咖哩粉(另行準備的食材)。

烹調者:岩崎啟子

蛋白質	醣
25.1g	5.1g

| 熱量 243kcal |

微辣的芝麻味噌賦予平價鯖魚高級的風味

香炸鯖魚牛蒡豪華沙拉

材料(2人份)

剖成3片的鯖魚:200公克	醋、麻油:各2小匙
牛蒡:1根(100公克)	A 味噌、醬油、白芝麻粉:各1又1/2小匙
山茼蒿:淨重80公克	砂糖:1小匙
鹽:少許	豆瓣醬:1/3小匙
太白粉:3大匙	炸油:適量

烹調方式

❶ 鯖魚先切成方便入口的大小,再片成薄片並撒鹽,之後擦乾滲出的水分。牛蒡先刮掉外皮,再以斜刀切成1公分厚的薄片,泡在水裡5分鐘,再撈出來瀝乾水分。

❷ 將山茼蒿切成方便食用的長度,泡在水裡。等口感變得清脆後,撈出來瀝乾,鋪在盤底。

❸ 在步驟❶的食材表面裹一層太白粉,再放入熱好的炸油炸至金黃酥脆。瀝油後,鋪在步驟❷的盤子上,再淋上預先調勻的食材A。

烹調者:牛尾理惠

蛋白質	醣
20.3g	18.9g

| 熱量 427kcal |

蛋白質 23.2g
醣 10.9g
| 熱量265kcal |

蛋白質 15.3g
醣 15.5g
| 熱量278kcal |

蛋白質 20.6g
醣 12.4g
| 熱量239kcal |

在蛋白質豐富的鰹魚淋上手工製做的醬汁增香

韭菜醬油鰹魚生魚片

材料（2人份）

鰹魚生魚片（切塊）：200公克
韭菜：3~4根
鹽：少許
A ┌ 薑末：1大匙
  │ 味醂、白芝麻粉：各2大匙
  │ 醬油：1大匙
  └ 日式黃芥末醬：少許
洋蔥：1/6顆
蘿蔔嬰：1/8包

烹調方式

❶ 鰹魚先切成方便入口的大小再撒鹽。擦乾滲出的水分。

❷ 將切成末的韭菜倒入大碗，再拌入食材A。

❸ 洋蔥先切成薄片，再與蘿蔔嬰一起泡水。撈出來瀝乾，鋪在盤底，再鋪上步驟❶的食材與淋上步驟❷的食材。

烹調者：檀野真理子

利用鵪鶉蛋提升蛋白質含量

芡汁小松菜炒魚肉香腸

材料（2人份）

魚肉香腸：3根（200公克）
小松菜：150公克
蔥：10公分
生薑：10公克
鵪鶉蛋（水煮）：8顆
A ┌ 雞高湯粉、太白粉：各1小匙
  │ 醬油：少許
  └ 水：100毫升
麻油：2小匙

烹調方式

❶ 魚肉香腸先斜刀切成方便入口的大小。小松菜先切成4公分長，再將梗與葉子切開。蔥先剖成兩半再以斜刀切片，生薑切成絲。食材A先預拌備用。

❷ 以平底鍋加熱麻油後，放入蔥與生薑爆香，再倒入小松菜的梗。接著再次攪拌食材A，然後倒入鍋裡。煮滾後，放入小松菜的葉子、鵪鶉蛋以及香腸邊煮邊讓醬汁沾附食材表面。

烹調者：堀江ひろ子、堀江佐和子

利用鮭魚的鹹香讓調味變得更簡單

燉煮大頭菜與鹽味鮭魚

材料（2人份）

鹽味鮭魚：2塊（200公克）
大頭菜（帶葉）：3顆
昆布（15公分見方）：1片
味醂：1大匙
醬油：1小匙
A ┌ 太白粉、水：各1大匙

烹調方式

❶ 用廚房剪刀將昆布剪成1公分寬的片狀後，倒入鍋中，再倒入300毫升的水。

❷ 將鹽味鮭魚切成3等分。大頭菜先切掉葉子，並在預留些許莖部的狀態下切成4等分。將40公克的大頭菜葉子切成短段。

❸ 開火加熱步驟❶的食材。煮滾後倒入鮭魚、大頭菜、味醂與醬油，再放下落蓋，燉煮7分鐘

❹ 倒入大頭菜的葉子。煮滾後，均勻淋入以食材A調製的太白粉水勾芡。

烹調者：牛尾理惠

轻鬆賦予香草油醃漬的鮭魚一些變化

微波香草鮭魚清蒸高麗菜

材料（2人份）

生鮮鮭魚：2塊（200公克）
鹽：1/2小匙
A ⌈ 橄欖油：1/2大匙
  ⌊ 粗黑胡椒：1/6小匙
迷迭香（新鮮）：2根
高麗菜：4瓣
小番茄：6顆
酒：1大匙
粗黑胡椒：少許

烹調方式

❶ 在鮭魚上撒鹽，再與食材A一起倒入保鮮袋，然後將一根迷迭香的葉子撕成小塊再丟進袋裡，另一根迷迭香則直接丟進袋裡。封好袋口後，稍微揉醃一下，讓醬汁沾附在鮭魚表面，然後送入冷箱冷藏6小時。

❷ 將高麗菜切成大段，鋪在耐熱盤盤底，再將步驟❶的食材鋪在上面。淋一點酒，罩一層寬鬆的保鮮膜，送入微波爐加熱約2分鐘。

❸ 取出後，附上小番茄，再視情況送回微波爐加熱1~2分鐘。盛盤後，撒點黑胡椒。

烹調者：堀江幸子

蛋白質	醣
20.6g	7.8g

| 熱量 195kcal |

在味道清淡的魚肉淋上濃醇的塔塔醬，也可以挾著麵包享用

酥炸白肉魚佐酪梨塔塔醬

材料（2人份）

白肉魚：2塊（200公克）
鹽：適量
酪梨：1/2顆
天婦羅粉：4大匙
A ⌈ 洋蔥末：1/8顆量
  │ 檸檬：1小匙
  ⌊ 橄欖油：1大匙
胡椒：少許
沙拉油：適量

烹調方式

❶ 白肉魚先切成一口大小，撒點鹽。靜置10分鐘，擦乾滲出來的水分。

❷ 視情況在天婦羅粉加2~3大匙的冷水，製做黏稠的麵衣。

❸ 用菜刀將酪梨剁成泥後，倒入大碗，再倒入食材A，接著以少許的鹽與胡椒調味。

❹ 在平底鍋倒入深度約5公釐的沙拉油，熱油後，將均勻裹滿步驟❷食材的步驟❶食材排入平底鍋，炸到金黃酥香為止。過程中可不時傾斜平底鍋，以便炸得更均勻。盛盤後，附上步驟❸的食材，也可以附上紅葉萵苣。

烹調者：檀野真理子

蛋白質	醣
16.4g	15.4g

| 熱量 414kcal |

微波2分鐘就完成！也很適合當成便當菜

鮭魚海苔卷與鮭魚紫酥卷

材料（2人份）

生鮮鮭魚：2塊（200公克）
青紫蘇、海苔：適量
A ⌈ 醬油：1又1/2大匙
  ⌊ 味醂：1/2大匙
太白粉：2小匙

烹調方式

❶ 鮭魚先切成一口大小的條狀，再於表面沾裹食材A，靜置10分鐘。青紫蘇先垂直切成兩半。

❷ 利用廚房紙巾擦乾鮭魚，再裹上太白粉，然後一半以青紫蘇捲起來，另一半以海苔捲起來。

❸ 將食材排入鍋中，直接送入微波爐加熱2分鐘。

烹調者：堀江佐和子

蛋白質	醣
20.1g	5.6g

| 熱量 149kcal |

將高蛋白的鰤魚煮成超受歡迎的咖哩風味

將高蛋白的鰤魚煮成超受歡迎的咖哩風味

咖哩香酥鰤魚

材料（2人份）

鰤魚：2塊（180公克）

A
醬油、味醂：各1/2小匙
咖哩粉：1/4小匙

B
蛋液：1/2顆量
麵粉：3大匙
咖哩粉：1/2小匙
鹽：少許
水：1/2大匙

炸油：適量

烹調方式

❶ 鰤魚先切成略大的一口大小，再裹上食材A靜置10分鐘。

❷ 將食材B倒入大碗調勻後，攪拌至質地滑順為止。

❸ 將炸油加熱至170~180℃之後，將均勻沾裹步驟❷食材的步驟❶食材放入鍋中，炸到金黃色為止。瀝油後盛盤，可另外附上小番茄。

烹調者：檢見崎聰美

蛋白質 19.4g **醣** 11.2g

丨 熱量 366kcal 丨

利用微波爐處理馬鈴薯，就能節省不少時間

咖哩馬鈴薯炒鱈魚

材料（2人份）

生鮮鱈魚：2塊（200公克）
馬鈴薯：2顆（250公克）
洋蔥：50公克
麵粉：適量
咖哩粉：1小匙
鹽：少許
沙拉油：1大匙

烹調方式

❶ 將洗乾淨的馬鈴薯連皮放入耐熱的保鮮袋後，送入微波爐加熱4分鐘左右，上下翻面，再加熱2分鐘。待冷卻後去皮，切成一口大小的塊狀，將洋蔥先切成5公釐厚的薄片。

❷ 鱈魚先切成一口大小，再撲上一層麵粉。

❸ 用平底鍋加熱沙拉油後，放入步驟❷的食材，炒到帶有些許焦色為止。接著倒入馬鈴薯，炒到所有食材出現焦色。倒入洋蔥、咖哩粉，再炒到所有食材融為一體。盛盤後，可撒些許歐芹。

烹調者：檢見崎聰美

蛋白質 16.4g **醣** 15.8g

丨 熱量 224kcal 丨

將油脂豐厚的沙丁魚做成清爽的檸檬風味

檸檬清燉沙丁魚

材料（2人份）

沙丁魚：4尾（400公克）
大蒜：1/2瓣
洋蔥：50公克
檸檬圓片：2片

A
昆布（3公分見方）：2片
白葡萄酒：2大匙
水：200毫升

鹽：少許
檸檬汁：1大匙

烹調方式

❶ 將食材A倒入鍋中攪拌均勻後，靜置20分鐘。

❷ 沙丁魚先切掉頭，刮除內臟。大蒜、洋蔥都先切成薄片。

❸ 煮滾步驟❶的食材，再放入沙丁魚、大蒜、洋蔥，鋪上檸檬片，蓋上鍋蓋悶煮20分鐘。

❹ 撒鹽、關火，加入檸檬汁後盛盤。最後可撒點義大利歐芹。

烹調者：檢見崎聰美

蛋白質 16.8g **醣** 4.0g

丨 熱量 174kcal 丨

便宜又美味！利用肉片快速烹煮的滷肉

東坡肉風味的豆腐肉捲

材料（2～3人份）

木棉豆腐（板豆腐）：1/2塊（200公克）	薑片：1塊量
雞蛋：2顆	高湯：300毫升
豬五花肉片：8片	A 醬油、酒：各3大匙
青江菜：2棵	砂糖：1大匙
麵粉：1大匙	鹽：少許

烹調方式

❶ 利用廚房紙巾包住豆腐後，將盤子當成重物，壓在豆腐上面10分鐘，讓豆腐徹底瀝乾。接著切成8等分1公分厚的片狀，再利用豬肉捲起來以及裹一層麵粉。

❷ 以收口朝下的方向將步驟❶的肉捲排入鐵氟龍塗層的平底鍋（如果是鐵鍋，要抹一層薄薄的麻油）後，煎到熟透為止。過程中可上下翻面。等到肉片緊緊包住豆腐，再倒入食材A，蓋上落蓋煮5分鐘。

❸ 青江菜先放入煮滾的鹽水汆燙，再將葉子切成短段，梗則切成方便食用的大小。雞蛋先煮成半熟蛋，再放在冷水裡剝殼。

❹ 當步驟❷的湯汁煮到剩一半，加入步驟❸的食材，關火，靜置放涼，等待入味。

烹調者：牛尾理惠

蛋白質	醣
18.8g	8.9g
熱量 387kcal	

在雞蛋鋪上起司，增加蛋白質的攝取量

油炸起司水煮蛋

材料（2人份）

水煮蛋：3顆	麵粉：40公克
雞蛋：1顆	A 砂糖：1/4小匙
加工起司：40公克	鹽、胡椒：各少許
	炸油：適量

烹調方式

❶ 起司先切成6等分。水煮蛋先剖成兩半。

❷ 在大碗將雞蛋打成蛋液，再拌入食材A。

❸ 將起司放在水煮蛋的切口上，再沾裹步驟❷的麵糊，然後放入預熱至170~180℃的炸油，炸到金黃酥香。盛盤後，可附上切成一半的小番茄。

烹調者：檢見崎聰美

蛋白質	醣
17.2g	15.7g
熱量 327kcal	

15g 蛋白質套餐替代主菜（豆腐、雞蛋）

蛋白質 21.5g　**醣** 5.8g

| 熱量 431kcal |

蛋白質 15.8g　**醣** 13.2g

| 熱量 292kcal |

蛋白質 20.2g　**醣** 18.2g

| 熱量 374kcal |

大量使用鮮嫩多汁的白菜，利用起司增加味道的醇厚

白菜豆漿法式鹹派

材料（2人份）

雞蛋：3顆
白菜：1/8顆（300公克）
培根片：4片
奶油：10公克

A
無調整豆漿：100毫升
披薩專用起司：50公克
高湯粉：1小匙
鹽、胡椒：各適量

烹調方式

❶ 白菜先切細，培根切成1公分寬的片狀。將兩者放入耐熱容器後，放一塊奶油，罩上一層寬鬆的保鮮膜，送入微波爐加熱4分鐘。

❷ 在大碗將雞蛋打成蛋液後，依序拌入食材A與步驟❶的食材。倒入焗烤盤，送入烤箱烤15~18分鐘。

烹調者：堀江幸子

帶有牛油鮮美的湯汁完全是壽喜燒的風味

豆皮豬肉壽喜燒

材料（2～3人份）

豆皮：2塊
油煎豆腐：1/2塊（150公克）
豬里肌肉片（涮涮鍋專用肉片）：100公克
蔥：1根
白菜：200公克
香菇：4朵
白絲蒟蒻：1包（180公克）
牛油：1塊

A
醬油：4大匙
砂糖：2大匙
酒：100毫升
水：150毫升

烹調方式

❶ 在豆皮劃入刀口，讓豆皮攤成一大張之後，先切成2等分再切成4等分。將油煎豆腐切成方便入口的大小。蔥以斜刀切成薄片，白菜切成短段，香菇切成一半。白絲蒟蒻放入熱水煮2分鐘，去除澀味再切成短段。

❷ 將牛油放入平底鍋加熱融化後，倒入蔥，炒到變軟後，倒入食材A，再將剩下的步驟❶食材倒進去燉煮。

❸ 煮到蔬菜出水後，再倒入豬肉，煮到醬汁沾附食材表面為止。

烹調者：牛尾理惠

豆腐、雞蛋、豬肉，利用這3種食材連續補充蛋白質！

鹹鹹甜甜的熱炒高野豆腐

材料（2人份）

高野豆腐（凍豆腐）：2塊
鵪鶉蛋（水煮）：4顆
洋蔥：1/2顆
彩椒（紅）：1/2棵
豬碎肉：100公克
薑片：1塊量
醬油：適量
酒：1小匙
太白粉：1/2大匙

A
砂糖、醬油、醋、番茄醬：各1大匙
雞高湯粉：少許
太白粉：1/2大匙
水：4大匙

麻油：1大匙

烹調方式

❶ 高野豆腐先以熱水煮發，再擠乾水分。切成6塊後，以1小匙醬油沾裹表面，再輕輕擠乾水分。洋蔥先切成半月形，彩椒先切成方便入口的大小。

❷ 依序在豬肉撒上酒、1小匙醬油與太白粉。食材A先調勻。

❸ 以平底鍋加熱麻油後，放入生薑，再依序倒入豬肉、步驟❶食材拌炒。炒熟後，稍微攪拌一下食材A，再與鵪鶉蛋一起倒入鍋中，炒到湯汁變得濃稠為止。

烹調者：堀江ひろ子、堀江佐和子

以高野豆腐代替竹筍，節省費用同時提升蛋白質攝取量

高野豆腐煮青椒肉絲

材料（2人份）

高野豆腐（凍豆腐）：3塊
牛碎肉：80公克
青椒：4棵
大蒜、生薑：各1塊

A
｜蠔油、醬油：各1大匙
｜酒：2大匙
｜砂糖：2小匙

鹽、胡椒：各適量

B
｜雞高湯粉：1小匙
｜太白粉：2小匙
｜水：150毫升

麻油：1大匙

烹調方式

❶ 高野豆腐先泡發，再擠乾水分。切成3等分厚度的薄片後，再切成細條，然後沾裹食材A，靜置10分鐘。

❷ 牛肉切成1公分寬，再撒鹽與胡椒。青椒切成細條，大蒜與生薑切成絲。

❸ 將麻油、大蒜、生薑倒入平底鍋爆香，再依序倒入牛肉、步驟❶的食材，拌炒至牛肉熟透後，倒入青椒快速拌炒，再倒入預先調勻的食材B，煮滾即可關火。

烹調者：牛尾理惠

蛋白質	醣
19.2g	11.8g

┃ 熱量 349kcal ┃

加入鮪魚，增加蛋白質含量

韭菜鮪魚歐姆蛋

材料（2人份）

雞蛋：4顆
鮪魚罐頭：1小罐
韭菜：1把

A
｜太白粉：1大匙
｜鹽、胡椒：各少許

沙拉油：2大匙

烹調方式

❶ 鮪魚先瀝乾湯汁，韭菜切成小段。

❷ 在大碗將雞蛋打成蛋液，再倒入步驟❶的食材與食材A，徹底攪拌均勻。

❸ 以平底鍋加熱沙拉油後，一口氣倒入步驟❷的食材，再大幅度攪拌。蓋上鍋蓋，轉成小火悶煎2~3分鐘，翻面後，再煎1~2分鐘。

烹調者：堀江ひろ子、堀江佐和子

蛋白質	醣
16.5g	4.7g

┃ 熱量 365kcal ┃

加入優格，增添香醇又不失清爽

優格咖哩燉油豆腐

材料（2人份）

油豆腐：1大塊（250公克）
洋蔥：100公克
原味優格：150公克
咖哩粉：1小匙

A
｜熱水：100毫升
｜高湯塊：1/2塊
｜醬油：1/4小匙

沙拉油：1/2大匙

烹調方式

❶ 油豆腐先汆燙去油，再切成2公分的塊狀。洋蔥先切成1公分厚的半月形。

❷ 利用鍋子加熱沙拉油，再倒入步驟❶的食材拌炒。炒到變色後，倒入咖哩粉繼續拌炒。

❸ 倒入食材A，炒到湯汁快要收乾時，倒入原味優格再煮一下。

烹調者：檢見崎聰美

蛋白質	醣
15.9g	8.1g

┃ 熱量 270kcal ┃

專欄

\\ 一盤就超滿足! //
15g+ 蛋白質主食食譜

如果沒時間煮 3 道菜,可以煮丼飯、義大利麵這種一盤什麼都有的料理。不管是飯類還是麵類料理,
都能攝取足夠的蛋白質。在此為大家介紹一盤就能攝取 15 公克蛋白質的主食食譜。
*1 碗白飯(150g)的蛋白質含量約為 3.0g,一人份義大利麵(60g)約 7.2g

利用蒲燒秋刀魚罐頭的鹹甜風味,煮出日式西班牙海鮮燉飯

蒲燒秋刀魚大豆平底鍋飯

材料(2人份)

白米:180毫升(1杯)
蒲燒秋刀魚罐頭:1罐
水煮大豆:100公克

A ┌ 薑末、醬油:各1小匙
  │ 水:300毫升
麻油:1小匙

烹調方式

❶ 將麻油、白米(不用洗)、大豆倒入平底鍋拌炒1~2分鐘。

❷ 倒入食材A、秋刀魚(連同湯汁)煮滾後,蓋上鍋蓋加熱15分鐘。

❸ 掀開鍋蓋,轉成小火,煮到水分完全揮發後關火。最後可撒點小蔥
　蔥花。

烹調者:沼津理惠

蛋白質	醣
19.9g	63.1g

| 熱量 469kcal |

以豆腐代替絞肉的健康義大利麵

豆腐肉醬義大利麵

材料(2人份)

短義大利麵(筆管麵):120公克
木棉豆腐(板豆腐):1塊(300公克)
糯米椒:10根
洋蔥:1/4顆
胡蘿蔔:1/3根
鹽、胡椒:各適量

番茄罐頭:1/2罐(200公克)
番茄醬:2大匙
A ┌ 橄欖油:2大匙
  │ 蒜末:1瓣量
橄欖油:少許
粗黑胡椒:少許

蛋白質	醣
19.2g	53.4g

| 熱量 496kcal |

烹調方式

❶ 用廚房紙巾包住豆腐,在於上面壓重物,靜置15分鐘,瀝乾水分。
　糯米椒先用牙籤戳洞。洋蔥與胡蘿蔔切成末。

❷ 在熱水加入適量的鹽後,放入義大利麵,在於包裝指示時間之前的
　1~2分鐘撈出義大利麵。

❸ 利用平底鍋加熱橄欖油,再放入糯米椒煎熟後,取出鍋外,撒少許
　的鹽與胡椒,再將食材A倒入平底鍋,以小火加熱。當香味飄出鍋
　外,倒入洋蔥與胡蘿蔔拌炒。

❹ 將撕成碎塊的豆腐倒入鍋中,煮到豆腐完全散開後,倒入番茄與番
　茄醬,同時將番茄搗爛,再以鹽、胡椒調味。倒入步驟❷的食材,拌
　炒一會兒即可盛盤。撒黑胡椒與鋪上糯米椒即可。

烹調者:牧野直子

加入豬肉快速煮一下，煮到變軟即可

牛丼風味的豬肉丼

材料（2～3人份）

熱騰騰的白飯：2~3碗公
豬肉片（涮涮鍋專用）：250公克
洋蔥：1顆
生薑：1塊
A ┌ 高湯：200毫升
　├ 醬油：3大匙
　└ 酒、砂糖：各2大匙
紅薑：適量

烹調方式

❶ 生薑先切成絲，洋蔥切成一半，再切成1公分厚的薄片，倒入鍋裡，再倒入食材A，蓋上鍋蓋悶煮。煮滾後，轉成中小火再煮5分鐘。

❷ 將豬肉一片片攤開後，加入鍋中，一邊攪拌，一邊煮到熟透。

❸ 將白飯盛入碗中，鋪上步驟❷的食材再附上紅薑。

烹調者：牛尾理惠

蛋白質 20.1g　醣 84.1g
熱量 582kcal

一切靠電鍋！利用麻油與蜂蜜讓雞胸肉變得柔軟

新加坡雞肉飯

材料（3～4人份）

白米：360毫升（2杯）
雞胸肉（去皮）：1大塊（300公克）
A ┌ 鹽：2/3小匙
　├ 胡椒：少許
　└ 麻油、蜂蜜：各1/2小匙
B ┌ 洋蔥：1/4顆
　└ 大蒜、生薑：各1塊
雞高湯粉：1小匙
斜切的小黃瓜薄片：1/2根量
切成半月形的番茄：1/2顆量
切成小段的香菜：適量
C ┌ 蒜泥：1瓣量
　├ 豆瓣醬：2/3小匙
　├ 番茄：1/2大匙
　└ 蜂蜜：1又1/2大匙

烹調方式

❶ 米先洗乾淨再撈起來瀝乾。雞肉先用食材A揉醃。食材B先切成末。

❷ 將白米、食材B、雞高湯粉倒入電鍋的內鍋，再倒進淹到「2」格刻度的水量，然後鋪上雞肉，再以一般的方式煮飯。

❸ 飯煮好後取出雞肉，攪拌一下鍋裡的食材，再蓋回鍋蓋等10分鐘。雞肉先片成薄片。

❹ 將白飯盛入碗中，再附上雞肉、小黃瓜、番茄、香菜以及調勻的食材C。

烹調者：牛尾理惠

蛋白質 19.0g　醣 68.6g
熱量 398kcal

利用脫脂奶粉增加蛋白質攝取量，同時增添圓潤的風味

油豆腐小松菜咖哩義大利麵

材料（2人份）

義大利麵：120公克
油豆腐：1/2塊（100公克）
小松菜：1把（250公克）
蔥：1根
鮪魚罐頭：1小罐
A ┌ 蒜片：1瓣量
　└ 橄欖油：2大匙
B ┌ 脫脂奶粉：1大匙
　└ 咖哩粉：1小匙
鹽、胡椒：各適量

烹調方式

❶ 將油豆腐撕成大塊，再將小松菜切成短段，蔥以斜刀切成薄片。

❷ 在熱水加入適量的鹽之後，以短於包裝指示時間1~2分鐘的時間煮義大利麵。煮麵水要先留下來備用。

❸ 將食材A倒入平底鍋，以小火爆香後，轉成小火，倒入蔥拌炒。蔥炒軟後，倒入油豆腐以及瀝乾湯汁的鮪魚，快速拌炒一下，再倒入小松菜拌炒。

❹ 以50~100毫升的煮麵水調開食材B，再倒入鍋子，然後以適量的鹽、胡椒調味，再倒入步驟❷的義大利麵，攪拌均勻即可。

烹調者：牧野直子

蛋白質 20.3g　醣 46.3g
熱量 527kcal

蛋白質	醣
18.4g	64.7g

| 熱量 485kcal |

用微波爐可以快速做出肉燥與炒蛋！

肉燥蟹肉棒杯子壽司

材料（2人份）
熱騰騰的白飯：300公克
雞絞肉：50公克
A ┃醬油、砂糖：各1/2大匙
　┃太白粉：1/2小匙
雞蛋：2顆
砂糖、美乃滋：各1大匙
醋：2大匙
鹽：少許
蟹肉棒：50公克
水煮毛豆：60公克
鵪鶉蛋（水煮）：2顆

烹調方式
❶ 將絞肉與食材A倒入耐熱碗攪拌後，直接送入微波爐加熱1分鐘，再攪散食材。

❷ 在另一個耐熱碗將雞蛋打成蛋液，然後拌入砂糖與美乃滋，直接送入微波爐加熱2分鐘，再利用攪拌器打散食材。

❸ 將醋、鹽拌入白飯，再於1/3量的白飯拌入步驟❶的食材，以及將步驟❷的食材（保留一點當裝飾）拌入剩下的白飯。將蟹肉棒切成1公分長，從豆莢取出毛豆。

❹ 將步驟❸的食材分層填入杯子，再將切成花朵形狀的鵪鶉蛋鋪在上面。

烹調者：堀江ひろ子、堀江佐和子

蛋白質	醣
18.5g	46.3g

| 熱量 484kcal |

利用酸橘醋醬油讓水煮豬肉變得清爽

清涮豬肉與水菜的熱沙拉義大利麵

材料（2人份）
義大利麵：120公克
豬肉片（涮涮鍋專用）：100公克
水菜：1/2大把（150公克）
豆芽菜：1/2包（120公克）
彩椒（紅）：1/2棵
鹽：適量
酸橘醋醬油：略多於1大匙
A ┃蒜末：1瓣量
　┃紅辣椒短段：1根量
　┃橄欖油：2大匙

烹調方式
❶ 水菜先切成短段，彩椒切成細條。

❷ 適量的鹽倒入熱水後，倒入豬肉快速汆燙，再以酸橘醋醬油涼拌。

❸ 將義大利麵放入同一鍋熱水後，在接近包裝指示時間之前的3分鐘放入豆芽菜、彩椒，再於接近包裝指示時間之前的1分鐘倒入水菜，之後撈出所有食材瀝乾備用。煮麵水也要保留。

❹ 將食材A倒入平底鍋，以小火加熱至大蒜變色後，倒入50毫升的煮麵水，再拌入剩下的步驟❸食材。盛盤後，鋪上步驟❷的食材。

烹調者：牧野直子

蛋白質	醣
26.5g	66.1g

| 熱量 573kcal |

以海苔代替鰻魚皮，用蛋液與麵粉讓魚肉變膨

用秋刀魚製做鰻魚丼

材料（2人份）
熱騰騰的白飯：2碗
秋刀魚（剖成手掌大小的魚肉片）：4片（280公克）
烤海苔（完整形狀）：1/2片
蛋液：2顆量
麵粉：1大匙
鰻魚醬：3大匙
沙拉油：1大匙

烹調方式
❶ 切掉秋刀魚的尾巴，再將大小相似的烤海苔貼在魚皮上，然後過一次蛋液再裹一層麵粉。

❷ 以平底鍋加熱沙拉油後，將步驟❶的兩面煎到變色，再倒入鰻魚醬，讓醬汁沾裹食材表面。

❸ 將步驟❶用剩的蛋液做成蛋皮，再切成蛋絲。

❹ 將白飯盛碗後，鋪上步驟❸的食材。最後可視個人口味撒點山椒粉。

烹調者：牛尾理惠

5g+ 蛋白質套餐 替代配菜

切成大顆粒的大豆能增加口感
大豆香菇菠菜歐姆蛋

材料（2～3人份）

雞蛋：3顆
水煮大豆罐頭：60公克
香菇：2朵
菠菜：100公克
醬油、味醂：各2小匙
A　鹽：1/6小匙
　　胡椒：少許
　　柴魚片：1/2包（2公克）
麻油、沙拉油：各1小匙

烹調方式

❶ 大豆先切成較大的碎粒，菠菜先切成2公分長，香菇先切成丁。

❷ 以平底鍋加熱麻油後，倒入香菇、菠菜炒軟，再倒入大豆以及醬油與味醂拌炒。

❸ 在大碗將雞蛋打成蛋液，再拌入步驟❷的食材與食材A。

❹ 利用小的平底鍋加熱沙拉油，再倒入步驟❸的食材。攪拌到半熟之後，攤平食材，蓋上鍋蓋，以小火悶煎至表面凝固。蓋上盤子，讓食材翻面，再放回平底鍋，煎到食材完全凝固為止。

烹調者：岩崎啟子

蛋白質 9.5g　醣 2.7g
熱量 137kcal

利用綜合海鮮節省成本
韓式海鮮煎餅

材料（2人份）

雞蛋：1顆
綜合海鮮：100公克
韭菜：50公克
A　太白粉：2大匙
　　麵粉：6大匙
　　鹽：少許
　　水：100毫升
麻油：1大匙
B　麻油、白熟芝麻：各1小匙
　　豆瓣醬、砂糖：各1/2小匙

烹調方式

❶ 在大碗將雞蛋打成蛋液，再拌入食材A，接著拌入綜合海鮮以及切短的韭菜。

❷ 以平底鍋加熱麻油，再倒入步驟❶的食材，煎到一半的時候翻面，再煎到食材完全熟透為止。

❸ 切成方便入口的大小之後盛盤，再附上預先調勻的食材B。

烹調者：堀江幸子

蛋白質 13.6g　醣 30.8g
熱量 305kcal

將雞胸肉剁成泥，增添蓬鬆的口感
義式裹粉油炸山苦瓜鑲雞肉

材料（2人份）

雞蛋：1顆
雞胸肉（去皮）：150公克
鹽、胡椒：各少許
山苦瓜：1/2根
麵粉：適量
沙拉油：1小匙
A　番茄醬：1大匙
　　醬油：1小匙
　　咖哩粉：2小撮

烹調方式

❶ 雞肉先剁成泥，再與鹽、胡椒拌勻。

❷ 山苦瓜切成12片，每片的厚度約為7~8公釐。將步驟❶的食材分成6等分，再以2片山苦瓜挾起來，然後均勻裹上麵粉。

❸ 平底鍋鍋底抹一層沙拉油，再將過了一次蛋液的步驟❷食材排入鍋中，蓋上鍋蓋，以小火悶煎5分鐘（如果蛋液沒用完，可在中途裹在食材表面）。翻面後，再蓋上鍋蓋悶煎5分鐘。盛盤後，淋上預先調勻的食材A。

烹調者：岩崎啟子

蛋白質 19.0g　醣 13.8g
熱量 201kcal

5g⁺ 蛋白質套餐替代配菜（雞蛋、葉菜、根莖類）

蛋白質	醣
5.3g	2.9g

| 熱量 85kcal |

蛋白質含量高於綠豆豆芽菜的黃豆豆芽菜
韓式豆芽菜小蔥涼拌菜

材料（2人份）

黃豆豆芽菜：1包
小蔥：1/2包
竹輪：1條
鹽：適量
醬油：1小匙
麻油：1/2大匙
白熟芝麻：少許

烹調方式

❶ 豆芽菜先摘掉鬚根，小蔥先切成3公分長。

❷ 將豆芽菜放入加鹽的熱水，煮滾後，倒入小蔥，稍微攪拌一下，撈出來放涼。

❸ 竹輪先剖成兩半再以斜刀切成薄片，然後倒入大碗，再拌入步驟❷的食材、醬油、麻油，最後揉一揉芝麻再撒在食材表面。

烹調者：堀江ひろ子、堀江佐和子

蛋白質	醣
7.2g	5.1g

| 熱量 145kcal |

善用酸菜的鹹味、用豬肉增加蛋白質含量
酸菜蘿蔔炒豬肉

材料（2人份）

白蘿蔔：200公克
酸菜：25公克
豬碎肉：75公克
醬油、味醂：各2大匙
麻油：2大匙

烹調方式

❶ 將白蘿蔔切成細籤，將豬肉切成1公分寬的塊狀，將酸菜切成粗末。

❷ 以平底鍋加熱麻油，再依序倒入豬肉、白蘿蔔、酸菜拌炒。倒入醬油與味醂之後繼續拌炒，直到食材均勻沾附醬汁再盛盤。可視個人口味撒點七味粉。

烹調者：牛尾理惠

蛋白質	醣
6.0g	12.2g

| 熱量 120kcal |

利用麻油增加香氣，再利用醋營造清爽風味
醋香胡蘿蔔炒竹輪

材料（2人份）

胡蘿蔔：1/2根
竹輪：3條
金針菇：50公克
A［醬油、味醂、醋：各2小匙
麻油：2小匙

烹調方式

❶ 胡蘿蔔先切成細籤，金針菇切成4公分的長度。竹輪剖半後，以斜刀切成薄片。

❷ 以平底鍋加熱麻油，再倒入步驟❶的食材拌炒。倒入食材A再繼續拌炒。

烹調者：堀江ひろ子、堀江佐和子

蛋白質	醣
5.7g	9.9g

| 熱量 160kcal |

微波加熱的馬鈴薯鋪上大量鮭魚鬆
奶油馬鈴薯鮭魚

材料（2人份）

馬鈴薯：2顆
鮭魚鬆：2大匙
奶油：適量
鹽、粗黑胡椒：各適量

烹調方式

❶ 利用廚房紙巾包住洗乾淨的馬鈴薯，再利用保鮮膜包住表面濕透的馬鈴薯，然後送入微波爐加熱5分鐘。上下翻面，再加熱3~4分鐘。

❷ 當竹籤可以順利刺穿馬鈴薯之後，在馬鈴薯上劃入十字刀口。盛盤後，放上奶油與鮭魚鬆，再撒點鹽與黑胡椒。

烹調者：堀江幸子

以吻仔魚當配料，增加蛋白質含量

榨菜吻仔魚豆腐

材料（2人份）

豆腐（涼拌專用）：300公克
調味榨菜粗末：1大匙
吻仔魚：2大匙
醬油：適量

烹調方式

❶ 將豆腐切成方便適用的大小盛
　盤後，鋪上榨菜與吻仔魚，再淋
　上醬油。

烹調者：堀江幸子

蛋白質	醣
9.6g	1.9g

I 熱量 95kcal I

利用明太子的鮮美與鹹味調合味道

明太子青江菜燉煮豆腐

材料（2人份）

木棉豆腐（板豆腐）：1塊
（300公克）
青江菜：2棵（200公克）
辣味明太子：40公克
蒜片：1瓣量
雞高湯粉：1/2大匙
鹽：1/3小匙
胡椒：少許
A［太白粉、水：各1大匙

烹調方式

❶ 豆腐先稍微瀝乾，青江菜切短，再
　將根部切成4塊。明太子先去除
　薄膜。

❷ 將雞高湯粉、400毫升的水倒入
　鍋中加熱，再倒入青江菜、蒜片。
　將剝成方便入口大小的豆腐倒入
　鍋中，煮滾後，稍微轉弱爐火，繼
　續煮3分鐘。

❸ 倒入明太子後，稍微攪拌一下，再
　撒鹽、胡椒。均勻淋入以食材A
　調好的太白粉水，一邊攪拌，一邊
　煮滾，讓湯汁變得濃稠。

烹調者：牛尾理惠

蛋白質	醣
14.7g	6.9g

I 熱量 165kcal I

將涼拌豆腐調整為西式風格，利用酪梨增加圓潤風味

煙燻鮭魚豆腐佐橄欖油

材料（2人份）

木棉豆腐：150公克
煙燻鮭魚：3~4塊
酪梨：1/2顆
橄欖油、鹽：各適量
蒔蘿（或是小蔥）：適量

烹調方式

❶ 豆腐、煙燻鮭魚、酪梨都先切成方
　便食用的大小，再依序盛入盤中。

❷ 淋上橄欖油，再撒鹽以及撕碎的
　蒔蘿。

烹調者：檀野真理子

蛋白質	醣
9.4g	1.1g

I 熱量 192kcal I

5g* 蛋白質套餐替代配菜（豆腐、絞肉）

非常下飯的一道菜

蒜香蘿蔔泥肉燥炒南瓜

材料（2人份）

豬絞肉：100公克

南瓜：100公克

大蒜：1/2瓣

A ┌ 砂糖、味噌：各2小匙
　└ 水：2大匙

沙拉油：1/2大匙

烹調方式

① 南瓜先切成5~6公釐厚的一口大小，大蒜先切成末。食材A先調勻備用。

② 以平底鍋加熱沙拉油，再倒入大蒜與絞肉。將絞肉炒散與炒熟後，倒入南瓜拌炒。倒入食材A，炒到湯汁快要收乾為止。

烹調者：檢見崎聰美

蛋白質 9.2g　醣 12.0g

| 熱量 190kcal |

辛奇的辣味是這道配菜的亮點！

肉燥辛奇燉蘿蔔

材料（2人份）

綜合絞肉：100公克

白蘿蔔：200公克

胡蘿蔔：50公克

白菜辛奇：50公克

A ┌ 薑末：1塊量
　└ 醬油、味醂：各1/2大匙

高湯：150毫升

B ┌ 太白粉：1小匙
　└ 水：1大匙

烹調方式

① 將白蘿蔔、胡蘿蔔切成1~1.5公分的丁狀，再鋪在耐熱盤盤底，罩一層寬鬆的保鮮膜，送入微波爐加熱5分鐘。

② 將絞肉與食材A倒入平底鍋攪拌均勻後，倒入切成1.5公分塊狀的辛奇，一邊炒散一邊炒熟。

③ 倒入高湯煮滾後，倒入步驟❶的食材，蓋上落蓋，煮到湯汁收乾為止。均勻淋入以食材B調和的太白粉水勾芡。盛碗後，可點綴些許切成小段的蘿蔔葉。

烹調者：堀江ひろ子、堀江佐和子

蛋白質 8.9g　醣 8.8g

| 熱量 163kcal |

使用烤肉醬以及微波爐料理，簡單輕鬆做！

玉米雞肉丸

材料（2人份）

玉米罐頭：中1罐
（淨重120公克）

蔥花、烤肉醬：各1大匙

A ┌ 太白粉：1/2大匙
　└ 太白粉：1大匙

烹調方式

① 將絞肉、食材A倒入大碗，攪拌均勻後，分成6等分。

② 瀝乾玉米，再利用廚房紙巾擦乾，倒入淺底盤，再拌入太白粉，接著裹在步驟❶的食材表面，再輕輕握一下，讓玉米黏在食材表面。

③ 將食材放入耐熱盤，再蓋上耐熱碗，然後送入微波爐加熱2分30秒，靜置直到餘熱消退為止。

烹調者：堀江ひろ子、堀江佐和子

蛋白質 9.0g　醣 17.3g

| 熱量 171kcal |

豆瓣醬隱約的辣味畫龍點睛

肉燥味噌炒牛蒡

材料（2人份）

豬絞肉：100公克

牛蒡：1/2大根（130公克）

薑末：1塊量

豆瓣醬：1小匙

A ┌ 味噌、酒、味醂：各1大匙
　└ 砂糖：1/2大匙

沙拉油：2小匙

烹調方式

① 牛蒡以斜刀切成薄片。食材A先調勻。

② 將沙拉油、生薑、豆瓣醬倒入平底鍋，以小火爆香，再倒入絞肉、牛蒡，炒3~4分鐘，炒到絞肉散開為止。

③ 絞肉炒熟後，倒入食材A拌炒，盛盤。可撒點小蔥蔥花配色。

烹調者：堀江幸子

蛋白質 9.8g　醣 14.2g

| 熱量 215kcal |

利用物美價廉的乾貨做成義大利風味料理

義式橄欖油香蒜蘿蔔乾大豆

材料（2人份）

蘿蔔乾：20公克
蒸熟的大豆：65公克
胡蘿蔔：30公克
醬油：1小匙
蒜片：1瓣量
紅辣椒：1根
鹽：少許
橄欖油：1大匙

烹調方式

❶ 蘿蔔乾先洗乾淨，再撈起來靜置5分鐘，然後切成小塊，再讓表面均勻沾裹醬油。胡蘿蔔先切成絲。

❷ 將橄欖油、大蒜、刮除種子的紅辣椒倒入平底鍋爆香後，倒入步驟❶與大豆拌炒，再以鹽調味。

烹調者：堀江ひろ子、堀江佐和子

蛋白質	醣
6.3g	7.6g

熱量 153kcal

利用微波爐加熱只需4分鐘就完成，也很適合作為便當菜

微波鹿尾菜大豆

材料（2人份）

乾燥鹿尾菜：8公克
蒸熟的大豆：50公克
豆皮：1塊（25公克）
A｜醬油、砂糖、酒、味醂：各1/2大匙
　｜水：2大匙

烹調方式

❶ 鹿尾菜先泡發再瀝乾，豆皮先橫切成兩半，再切成7~8公釐寬的條狀。

❷ 將步驟❶的食材、大豆、食材A倒入耐熱容器後，罩上一層寬鬆的保鮮膜，再送入微波爐加熱4~5分鐘。

烹調者：堀江幸子

蛋白質	醣
7.4g	5.7g

熱量 119kcal

吸飽蛋液的車麩會變得很蓬鬆

辛奇炒車麩

材料（2人份）

車麩：2個（24公克）
白菜辛奇：100公克
蒜梗：50公克
雞蛋：2顆
高湯：50毫升
鹽：少許
沙拉油：1/2大匙

烹調方式

❶ 車麩先泡發再徹底瀝乾，然後撕成一口大小。辛奇切成一口大小，蒜梗切成3公分長。

❷ 在大碗將雞蛋打成蛋液，再放入車麩，讓車麩吸飽蛋液。以平底鍋加熱沙拉油之後，放入車麩拌炒。

❸ 車麩炒到變色後，倒入辛奇、蒜梗、高湯，不斷拌炒，直到湯汁收乾為止，再以鹽調味。

烹調者：檢見崎聰美

蛋白質	醣
10.5g	9.8g

熱量 166kcal

利用鹹牛肉罐頭讓馬鈴薯燉肉多點變化

馬鈴薯燉鹹牛肉

蛋白質	醣
9.2g	16.4g

| 熱量 168kcal |

材料（2人份）

鹹牛肉罐頭：1小罐（80公克）
馬鈴薯：1大顆（200公克）
胡蘿蔔：50公克
洋蔥：1/2顆
A[砂糖、醬油：各2小匙
   水：100毫升

烹調方式

❶ 馬鈴薯先切成一口大小，再泡在水裡備用。胡蘿蔔與洋蔥切成一樣的大小。

❷ 將步驟❶的食材倒入鍋中，再倒入稍微大塊的鹹牛肉與食材A，蓋上落蓋，加熱煮15分鐘。

烹調者：堀江ひろ子、堀江佐和子

利用鮪魚罐頭的湯汁增加鮮味與濃郁的滋味

鮪魚美乃滋炒小松菜

蛋白質	醣
7.3g	1.2g

| 熱量 162kcal |

材料（2人份）

鮪魚罐頭：1罐（80公克）
小松菜：1把
麵味露（2倍濃縮）：
1/2大匙
美乃滋：1大匙

烹調方式

❶ 小松菜先切成短段。

❷ 將美乃滋倒入平底鍋加熱融化後，倒入步驟❶的食材、鮪魚（連同湯汁），炒到小松菜變軟，再以麵味露調味。

烹調者：牛尾理惠

南瓜的甜味與鹹牛肉非常對味

起司鹹牛肉烤南瓜

蛋白質	醣
14.1g	24.3g

| 熱量 287kcal |

材料（2人份）

鹹牛肉罐頭：100公克
南瓜：1/4顆
鹽、胡椒：各少許
奶油：10公克
披薩專用起司：30公克

烹調方式

❶ 南瓜先切成2公分丁狀，再鋪在耐熱盤底部，然後罩一層寬鬆的保鮮膜，送入微波爐加熱2分鐘。

❷ 先加熱平底鍋，讓奶油融化，再放入步驟❶的食材，煎到出現焦色與熟透後，倒入剝散的鹹牛肉拌炒，最後撒點鹽與胡椒。

❸ 將食材倒入耐熱盤，撒入披薩專用起司，再送入烤箱烤5分鐘，直到烤到上色為止。

烹調者：牛尾理惠

善用罐頭，沙丁魚料理也會變得很簡單

酒蒸菇菇油漬沙丁魚

蛋白質	醣
10.5g	2.7g

| 熱量 213kcal |

材料（2人份）

油漬沙丁魚罐頭：1罐（105公克）
杏鮑菇：1根
香菇：4朵
鴻喜菇：50公克
A[蒜片：1瓣量
   紅辣椒（刮除種子）：1根
   白葡萄酒：2大匙
   鹽、胡椒：各少許

烹調方式

❶ 杏鮑菇、香菇先切成薄片，鴻喜菇先拆散。

❷ 將步驟❶的食材、油漬沙丁魚（連同湯汁）、食材A倒入鍋中，蓋上鍋蓋悶蒸5分鐘。

烹調者：牛尾理惠

葡葡乾的酸甜滋味是這道菜的重點

火腿葡葡乾南瓜沙拉

材料（2人份）

南瓜：300公克
火腿：4片
葡葡乾：3大匙
美乃滋：2大匙
鹽、胡椒：各適量

烹調方式

❶ 南瓜先去皮，切成一口大小，再放入耐熱容器，罩一層寬鬆的保鮮膜，送入微波爐加熱2~3分鐘。變軟後，壓成南瓜泥。

❷ 將火腿切成2公分見方，再倒入步驟❶的食材，然後拌入葡葡乾、美乃滋，再以鹽、胡椒調味。

烹調者：堀江幸子

蛋白質	醣
5.4g	37.3g

| 熱量 286kcal |

善用能輕鬆補充蛋白質的鯖魚罐頭

番茄罐頭鯖魚沙拉

材料（2人份）

番茄：1顆（200公克）
水煮鯖魚罐頭：100公克
洋蔥：50公克
A 醋：1大匙
　橄欖油：1/2大匙
　鹽、胡椒：各少許

烹調方式

❶ 番茄切成一口大小，鯖魚先瀝乾湯汁再撕成大塊。

❷ 洋蔥先切成末，泡水一會兒，再撈出來瀝乾，倒入大碗，拌入食材A與步驟❶的食材。

烹調者：檢見崎聰美

蛋白質	醣
8.4g	5.5g

| 熱量 135kcal |

將口感各不同的食材拌在一起，再利用芝麻增香

日式鹿尾菜豆腐牛蒡沙拉

材料（2人份）

乾燥鹿尾菜：5公克
木棉豆腐（板豆腐）：1塊
（300公克）
牛蒡：100公克
小松菜：100公克
波士頓生菜：1/2顆
A 醋：2大匙
　醬油：1/2大匙
　麻油：1大匙
白熟芝麻：2大匙

烹調方式

❶ 鹿尾菜先泡發，再快速汆燙一下，然後撈出來放涼。豆腐切成一口大小。

❷ 牛蒡切成能放進鍋子的長度後，煮到變軟，再拍出裂縫，然後切成4公分長、5公釐立方的細條。小松菜用熱水燙熟再瀝乾，切成4公分長。波士頓生菜撕成一口大小後泡水，等到口感變得清脆後瀝乾。

❸ 將步驟❶、❷的食材倒入大碗攪拌，再拌入預先調勻的食材A以及芝麻。

烹調者：檢見崎聰美

蛋白質	醣
13.5g	6.8g

| 熱量 263kcal |

在馬鈴薯沙拉加入絞肉，增加蛋白質含量

梅肉美乃滋絞肉馬鈴薯沙拉

材料（2人份）

綜合絞肉：100公克
馬鈴薯：2顆（250公克）
A 醋：1小匙
　鹽、胡椒：各少許
鹽、胡椒：各少許
B 美乃滋：2又1/2大匙
　梅肉（剁成泥）、醋：各1/2大匙
沙拉油：1/2大匙

烹調方式

❶ 馬鈴薯先切成一口大小，再洗乾淨，然後煮軟與瀝乾。倒入鍋中，邊煮邊搖晃鍋子，讓水分揮發，藉此讓表面變得粉粉的，並趁熱以食材A調味。

❷ 將沙拉油倒入平底鍋之後，以大火熱油，再倒入絞肉炒散炒熟，再撒鹽與胡椒。

❸ 將步驟❶的食材拌入步驟❷的食材。放涼後，拌入食材B、盛盤，再視個人口味附上麵包。

烹調者：檢見崎聰美

蛋白質	醣
9.3g	10.1g

| 熱量 315kcal |

濕潤的豆渣與馬鈴薯的口感類似
馬鈴薯沙拉口感的罐頭鮭魚豆渣

材料（2人份）

水煮鮭魚罐頭：80公克
豆渣：150公克
小黃瓜：1/2根
鹽：少許
A [美乃滋：3大匙
  鹽、胡椒：各適量

蛋白質 11.8g　**醣** 2.4g
| 熱量 252kcal |

烹調方式

❶ 將豆渣倒入耐熱碗，再直接送入微波爐加熱30秒。靜置放涼。

❷ 將小黃瓜切成薄片後撒鹽揉醃。滲出水分後，擠乾水分。

❸ 將鮭魚（連同湯汁）倒入步驟❶的食材，再拌入步驟❷的食材與食材A。

烹調者：牛尾理惠

雞胸肉用蒸的，就能保有鮮嫩多汁的口感
清蒸雞肉番茄沙拉

材料（2人份）

雞胸肉：1小塊（200公克）
A [鹽、胡椒：各少許
  白葡萄酒：1/2大匙
  [洋蔥末：1/8顆量
  醋：1大匙
B | 沙拉油：2大匙
  鹽：1/4小匙
  胡椒：少許

蛋白質 17.9g　**醣** 4.8g
| 熱量 265kcal |

烹調方式

❶ 先以食材A醃漬雞肉，再將雞肉放入鍋中，倒入50毫升的熱水，蓋上鍋蓋，悶煮10分鐘。雞肉熟透後，關火，放在鍋中靜置冷卻，再切成2公分的塊狀。

❷ 將番茄切成2公分的塊狀。食材B先調勻。

❸ 將步驟❶的食材與番茄鋪在盤子，再於開動之前拌入食材B。

烹調者：檢見崎聰美

利用砂糖與薑汁增加味道的變化
水煮蛋萵苣鹹甜沙拉

材料（2人份）

水煮蛋：2顆
紅葉萵苣：3瓣（100公克）
小黃瓜：1根
芹菜：1/2根
蔥：1/2根
  [醋：1大匙
A | 醬油、麻油：各1/2大匙
  砂糖、薑汁：各1/2小匙

蛋白質 7.0g　**醣** 5.4g
| 熱量 134kcal |

烹調方式

❶ 水煮蛋先用叉子碾成粗塊。

❷ 紅葉萵苣先切成一口大小。在小黃瓜的表面刨出條紋後，剖成兩半，再以斜刀切成薄片。芹菜與蔥也以斜刀切成薄片。將上述食材拌在一起後，倒入冷水冰鎮。待口感變得清脆後，撈出來瀝乾。

❸ 將食材A倒入大碗攪拌均勻，再拌入步驟❶、❷的食材。

烹調者：檢見崎聰美

從汆燙到攪拌只需要一只鍋子
南瓜香腸沙拉

材料（2人份）

南瓜：150公克
維也納香腸：4根（80公克）
洋蔥：50公克
醋：1大匙
鹽、胡椒：各少許
橄欖油：1小匙

蛋白質 5.2g　**醣** 14.7g
| 熱量 209kcal |

烹調方式

❶ 南瓜先點狀刨去外皮，再切成一口大小。洋蔥先切成粗末。香腸切成1公分長。

❷ 煮一鍋熱水，再倒入南瓜。煮軟後，倒入香腸煮一下，瀝掉熱水。趁熱拌入洋蔥、鹽、醋、胡椒，再拌入橄欖油。

烹調者：檢見崎聰美

利用豬肉與大豆補充滿滿的蛋白質

豬絞肉大豆番茄湯

材料（2人份）

豬絞肉：100公克
水煮大豆：80公克
洋蔥：50公克
切塊番茄罐頭：150公克
月桂葉：1/2瓣
鹽、胡椒：各少許

烹調方式

❶ 洋蔥先切成1公分的丁狀。

❷ 將200毫升的熱水、月桂葉倒入鍋中，煮滾後倒入絞肉，一邊撥散，一邊煮熟。

❸ 撈除浮沫後，倒入步驟❶的食材、大豆與番茄煮5~6分鐘，再以鹽、胡椒調味。

烹調者：檢見崎聰美

蛋白質	醣
14.4g	4.0g

熱量 193kcal

用微波爐先加熱菠菜，一切就變得輕鬆簡單

菠菜蛋花湯

材料（2人份）

菠菜：1/2把（80公克）
雞蛋：2顆
高湯粉：2小匙
鹽、胡椒：各適量

烹調方式

❶ 菠菜洗乾淨之後，用保鮮膜包起來，送入微波爐加熱1分鐘30秒至2分鐘。放入清水，降溫，再撈出來擠乾水分，切成方便入口的大小。雞蛋先打成蛋液。

❷ 將400毫升的水、高湯粉倒入鍋中加熱，再倒入菠菜，煮滾後，均勻淋入蛋液，再以鹽與胡椒調味。

烹調者：堀江幸子

蛋白質	醣
6.5g	1.6g

熱量 85kcal

利用 3 種材料煮出鮮味醇厚的湯品

海瓜子牛奶味噌湯

材料（2人份）

海瓜子（吐沙完畢）：100公克
味噌：4小匙
牛奶：200毫升

烹調方式

❶ 將海瓜子與100毫升的水倒入一只小鍋子，蓋上鍋蓋，開火加熱。

❷ 煮到海瓜子開口後關火，調入味噌，倒入牛奶，再開火煮滾。

烹調者：堀江ひろ子、堀江佐和子

蛋白質	醣
5.4g	7.2g

熱量 91kcal

蛋白質 7.7g **醣** 8.6g
| 熱量 153kcal |

蛋白質 6.2g **醣** 1.7g
| 熱量 105kcal |

蛋白質 14.1g **醣** 2.7g
| 熱量 136kcal |

蛋白質 6.1g **醣** 15.8g
| 熱量 188kcal |

讓馬鈴薯在蒸煮過程中吸飽鮮味是這道湯品的重點

馬鈴薯綠花椰菜豆漿湯

材料（2人份）

馬鈴薯：1顆（100公克）
綠花椰菜：1/4顆（100公克）
維也納香腸：2根
無糖豆漿：200毫升
高湯粉：1小匙
鹽：適量

烹調方式

❶ 馬鈴薯切成5公釐厚的銀杏狀，綠花椰菜拆成小朵。香腸切成圓片。

❷ 將200毫升的水、高湯粉、馬鈴薯倒入鍋中，蓋上鍋蓋悶煮10分鐘。

❸ 倒入綠花椰菜、香腸煮3~4分鐘，再倒入豆漿。加熱後，以鹽調味。

烹調者：堀江ひろ子、堀江佐和子

利用鹽昆布讓高湯的風味升級

豬肉小黃瓜鹽昆布湯

材料（2人份）

豬碎肉：60公克
小黃瓜：1/2根
鹽昆布：10公克
鹽：少許
麻油：1小匙

烹調方式

❶ 豬肉先切成小塊，小黃瓜剖半再以斜刀切成薄片。

❷ 將麻油倒入鍋中加熱後，倒入豬肉炒至變色，再倒入400毫升的水。煮滾後，倒入小黃瓜與鹽昆布。再次煮滾後，以鹽調味。

烹調者：沼津理惠

不容易煮熟的雞胸肉只要切成細條，就能節省時間

雞胸肉條湯

材料（4人份）

雞胸肉：1大塊（300公克）
香菇：3朵
胡蘿蔔：1/3根
白菜：2瓣
蔥：4公分
鹽：少許
A ┌ 高湯：800毫升
  │ 鹽：3/4小匙
  └ 醬油：1小匙
沙拉油：2小匙

烹調方式

❶ 雞肉先切成大塊的薄片，再改刀切成細條，然後撒鹽，揉拌均勻。香菇、胡蘿蔔、白菜、蔥都先切成細條。

❷ 將沙拉油倒入鍋中加熱後，放入蔥、雞肉、胡蘿蔔、白菜，拌炒至食材變軟，加入香菇，拌炒均勻再倒入食材A。

❸ 煮滾後，蓋上鍋蓋以小火悶煮7~8分鐘。盛碗後，視個人口味撒點山椒粉。

烹調者：岩崎啟子

沒有使用馬鈴薯，口感卻如出一轍

馬鈴薯濃湯口感的豆渣濃湯

材料（2人份）

豆渣粉：2大匙（8公克）
洋蔥薄片：1/2顆量
太白粉：1大匙
牛奶：300毫升
高湯粉：1/2大匙
鹽、粗黑胡椒：各少許
奶油：1大匙

烹調方式

❶ 將洋蔥、奶油倒入鍋中，以小火拌炒至洋蔥變軟後，倒入太白粉，再炒到所有食材融為一體。接著逐量倒入牛奶，調勻所有食材。

❷ 將步驟❶的食材、高湯粉、豆渣粉倒入果汁機，打到質地變得綿滑為止。

❸ 將食材倒回鍋中，一邊攪拌一邊加熱，直到質地變得濃稠為止，再以鹽調味。盛碗後，撒點黑胡椒。

烹調者：牧野直子

讓蛋花變得蓬鬆，秘訣是拌入太白粉水勾芡
明太子蛋花湯

材料（2人份）

雞蛋：1顆
辣味明太子：1/2小塊（25公克）
太白粉：1/2大匙
　┌ 雞高湯粉：1小匙
A │ 酒：1/2大匙
　└ 水：300毫升
麻油：少許
小蔥蔥花：少許

烹調方式

❶ 將太白粉水、1/2大匙的水倒入大碗攪拌均勻，再打蛋攪拌均勻。明太子切成1公分厚的片狀。

❷ 將明太子與食材A倒入鍋中煮滾，再均勻淋入步驟❶的蛋液，然後淋點香油。盛碗後，散點小蔥蔥花。

烹調者：堀江ひろ子、堀江佐和子

蛋白質	醣
5.6g	3.1g

| 熱量 70kcal |

起司片融化後能增添香醇的風味，更提升蛋白質含量
起司馬鈴薯濃湯

材料（2人份）

馬鈴薯：2顆
高湯粉：1/2大匙
牛奶：200毫升
起司片：2片
鹽、胡椒：各適量

烹調方式

❶ 將馬鈴薯切成略小的一口大小後，與高湯粉、200毫升的水一起倒入鍋中，加熱至馬鈴薯變軟，再以湯杓將馬鈴薯碾成泥。

❷ 倒入牛奶、起司，煮滾後，以鹽、胡椒調味。盛碗後，可視個人口味撒點粉紅胡椒。

烹調者：堀江幸子

蛋白質	醣
8.6g	17.9g

| 熱量 201kcal |

每人吃得到 1 片鮭魚的高蛋白湯品
香煎鮭魚菇菇大頭菜泥湯

材料（4人份）

生鮮鮭魚：4片（400公克）
鴻喜菇：150公克
大頭菜：3顆
大頭菜的葉子：20公克
鹽：適量
高湯：900毫升
醬油：1小匙
沙拉油：1小匙

烹調方式

❶ 鮭魚先一片切成3塊，再撒1/2小匙的鹽，攪拌一下，靜置5分鐘，若出水後則先擦乾備用。鴻喜菇拆成小朵，大頭菜磨成泥，葉子切成小段。

❷ 沙拉油倒入平底鍋加熱後，將鮭魚的表面煎出顏色。

❸ 高湯倒入鍋中煮滾，再倒入步驟❷的食材、鴻喜菇，蓋上鍋蓋，悶煮7~8分鐘。倒入1小匙的鹽、醬油、瀝乾的大頭菜泥與大頭菜的葉子，再煮滾一次即可。

烹調者：岩崎啟子

蛋白質	醣
20.4g	3.4g

| 熱量 159kcal |

先用麻油炒過，所以充滿了焦香味
中式豆腐韭菜湯

材料（2人份）

木棉豆腐（板豆腐）：1/2塊
（150公克）
韭菜：1/2把
蔥：1/2根
昆布絲（生）：50公克
　┌ 薑末、蒜末：各1/2塊量
A │ 麻油：1/2大匙
高湯塊：1/2塊
鹽、胡椒：各少許

烹調方式

❶ 韭菜先切成4公分寬，蔥切成4公分長，再改刀直切成7公釐寬。昆布切成方便食用的大小。

❷ 將食材A倒入鍋中爆香，再倒入步驟❶的食材拌炒。蔥炒軟後，倒入撕成小塊的豆腐，再輕輕拌炒一下。

❸ 倒入400毫升的熱水與高湯塊。煮滾後，以鹽、胡椒調味。

烹調者：檢見崎聰美

蛋白質	醣
6.1g	3.7g

| 熱量 107kcal |

蛋白質	醣
5.3g	16.9g

| 熱量 157kcal |

利用炒過的洋蔥增加鮮味與甜味

玉米巧達濃湯

材料（2人份）

奶油玉米罐頭：90公克
洋蔥：1/4顆
綠花椰菜：1/4朵
麵粉：1/2大匙
高湯粉：1小匙
牛奶：200毫升
沙拉油：1/2大匙

烹調方式

❶ 洋蔥切成末，綠花椰菜拆成小朵。

❷ 以一只小鍋子加熱沙拉油之後，倒入洋蔥。炒軟後，倒入麵粉拌炒。

❸ 倒入150毫升的水與高湯粉，煮2~3分鐘，再倒入綠花椰菜、奶油玉米與牛奶加熱。

烹調者：堀江ひろ子、堀江佐和子

蛋白質	醣
5.7g	3.1g

| 熱量 99kcal |

湯料只有豆腐與牛蒡的建長湯

陽春版建長湯

材料（2人份）

木棉豆腐：1/2塊
（150公克）
牛蒡：1/4根
高湯：400毫升
鹽、醬油：各少許
麻油：1/2大匙

烹調方式

❶ 將撕成大塊的豆腐放在濾網靜置10分鐘，瀝乾水分。牛蒡先以削鉛筆的方式削成薄片，再泡在水裡一會兒，撈出來瀝乾。

❷ 將麻油倒入鍋中加熱後，倒入豆腐，以大火拌炒。

❸ 炒到湯汁收乾後，倒入牛蒡，拌炒至所有食材的表面均勻吃油，再倒入高湯，煮5~6分鐘。牛蒡煮熟後，以鹽、醬油調味。

烹調者：檢見崎聰美

蛋白質	醣
7.7g	4.7g

| 熱量 93kcal |

利用蝦米增加鮮味與蛋白質的攝取量

台式豆漿湯

材料（2人份）

調過味的榨菜：30公克
蝦米：10公克
無糖豆漿：300毫升
醋：1/2大匙
辣油：適量
斜切的小蔥薄片：適量

烹調方式

❶ 將榨菜、蝦米切成粗末後，倒入鍋中，再倒入豆漿加熱。煮到快沸騰之前關火。

❷ 盛碗後，均勻淋入醋與辣油，再點綴些許小蔥。

烹調者：檀野真理子

蛋白質	醣
14.0g	1.7g

| 熱量 203kcal |

不需要菜刀，5分鐘就能完成！

異國風味的萵苣豬肉湯

材料（2人份）

豬碎肉：150公克
萵苣：2瓣
鴻喜菇（散裝）：80公克
中式高湯粉：1/2小匙
魚露：1/2大匙
胡椒：少許

烹調方式

❶ 萵苣先撕成方便入口的大小。

❷ 將400毫升的水、中式高湯粉倒入鍋中。煮滾後，倒入豬碎肉與鴻喜菇煮2~3分鐘。

❸ 倒入萵苣煮滾後，以魚露、胡椒調味。盛碗後，視個人口味放點香菜。

烹調者：岩崎啟子

\ 利用豆渣粉製做簡單又省錢的點心！/
補充蛋白質的點心食譜

最適合用來製做高蛋白點心的就是豆渣粉。大豆在搾乾之後會剩下豆渣，而經過乾燥的豆渣就是豆渣粉。比起麵粉，豆渣粉更能做出高蛋白與低醣的健康點心。

＊食譜之中的羅漢果糖是以天然食材製做的低醣甘味料，也可以換成等量的砂糖

蛋白質	醣
1.5g	5.6g

| 熱量 67kcal |

吃飽又吃巧的健康甜甜圈

原味豆渣甜甜圈

材料（14粒）

豆渣粉：25公克
綜合美式鬆餅粉：100公克
無糖豆漿：100毫升
蛋液：1顆量
炸油：適量

烹調方式

❶ 將豆渣粉、綜合美式鬆餅粉倒入大碗攪拌均勻。

❷ 一邊攪拌，一邊逐量倒入豆漿。攪拌至質地變得綿滑後，倒入蛋液，再攪拌均勻。

❸ 用湯匙挖1大匙的步驟②食材，再輕輕地放入加熱至170℃的炸油，然後轉成小火，炸3~4分鐘。過程中，可不時轉動食材，避免食材炸焦，最後撈出來瀝油即可。

烹調者：牧野直子

原味豆渣甜甜圈

芝麻豆渣甜甜圈

加點芝麻，調整成亞洲風味

芝麻豆渣甜甜圈

蛋白質	醣
1.8g	5.6g

| 熱量 76kcal |

材料（14粒）

豆渣粉：25公克
綜合美式鬆餅粉：100公克
無糖豆漿：100毫升
蛋液：1顆量
黑熟芝麻：2大匙
炸油：適量

烹調方式

❶ 將豆渣粉、綜合美式鬆餅粉倒入大碗攪拌均勻。

❷ 一邊攪拌，一邊逐量倒入豆漿。攪拌至質地變得綿滑後，倒入蛋液，再攪拌均勻。

❸ 依照「原味豆渣甜甜圈」的烹調方式❸油炸食材再瀝油即可。

烹調者：牧野直子

不用麵粉！口感濕潤且味道濃郁

豆渣布朗尼

材料（15×10×高3cm的容器1個／12塊）

豆渣粉：30公克

A｜可可粉：12公克
｜羅漢果糖（顆粒）：20公克

牛奶：200毫升

蛋液：1顆量

核桃（先乾煎再切碎）：20公克

烹調方式

❶ 將豆渣粉、食材A倒入大碗，再以攪拌器攪拌均勻。

❷ 一邊攪拌，一邊逐量倒入牛奶。攪拌至質地綿滑的程度後，依序拌入蛋液與核桃。

❸ 在耐熱容器鋪一層烘焙紙，再輕輕倒入步驟❷的食材。抹平表面後，送入預熱至180℃的烤箱烤25分鐘。靜置放涼後，從容器取出再切成12等分。

烹調者：牧野直子

蛋白質	醣
1.9g	1.3g
熱量 41kcal	

材料不多也不會用到模具，流程超簡單

豆渣粉甜餅乾

材料（14粒）

豆渣粉：50公克　　　　羅漢果糖（顆粒）：20公克
牛奶：3大匙　　　　　　無水奶油：50公克
低筋麵粉：50公克　　　蛋液：1顆量

烹調方式

❶ 將豆渣粉、牛奶倒入大碗，攪拌至質地濕潤為止。

❷ 將低筋麵粉倒入另一個大碗，再依序拌入步驟❶的食材、羅漢果糖、無水奶油、蛋液。攪拌至質地濕潤後，稍微整理一下形狀。

❸ 在烤盤鋪一層烘焙紙，再以湯匙將一口大小的步驟❷食材挖到烘焙紙上，然後送入預熱至180℃的烤箱烤20分鐘。

烹調者：牧野直子

蛋白質	醣
1.5g	3.1g
熱量 56kcal	

蛋白質	醣
5.3g	3.6g

| 熱量 86kcal |

不用麵粉！剛烤好的麵包特別鬆軟
原味豆渣蒸麵包

材料（直徑7.5公分×高4公分的布丁杯4個）

豆渣粉：50公克

A ┌ 羅漢果糖（顆粒）：20公克
　└ 泡打粉：5公克

牛奶：70毫升

原味優格：100公克

蛋液：1顆量

烹調方式

❶ 將豆渣粉、食材A倒入大碗攪拌均勻。

❷ 一邊攪拌，一邊逐量倒入牛奶，直到所有材料融合後，拌入原味優格與蛋液。在耐熱的布丁杯鋪上杯子蛋糕紙模，再將等量的麵糊分別倒入紙模，然後放在耐熱盤上。

❸ 將金屬的蒸盤（帶腳）放在平底鍋上面，再倒入淹過金屬蒸盤高度的熱水。煮滾後，將步驟❷的食材連同耐熱盤一起放在蒸盤上面，然後蓋上以布巾包覆的鍋蓋，悶蒸20分鐘。

烹調者：牧野直子

蛋白質	醣
5.5g	3.9g

| 熱量 92kcal |

增添可可的風味
可可豆渣蒸麵包

材料（直徑7.5公分×高4公分的布丁杯4個）

豆渣粉：50公克

A ┌ 羅漢果糖（顆粒）：20公克
　│ 可可粉：1大匙
　└ 泡打粉：5公克

牛奶：70毫升

原味優格：100公克

蛋液：1顆量

烹調方式

❶ 將豆渣粉、食材A倒入大碗攪拌均勻。

❷ 一邊攪拌，一邊逐量倒入牛奶，直到所有材料融合後，拌入原味優格與蛋液。

❸ 在耐熱的布丁杯鋪上杯子蛋糕紙模，再將等量的麵糊分別倒入紙模，然後放在耐熱盤上。依照「原味豆渣蒸麵包」的烹調方式❸蒸熟麵包。

烹調者：牧野直子

抹茶豆渣蒸麵包

原味豆渣蒸麵包

可可豆渣蒸麵包

顏色鮮豔，香氣宜人
抹茶豆渣蒸麵包

蛋白質	醣
5.7g	3.6g

| 熱量 90kcal |

材料（直徑7.5公分×高4公分的布丁杯4個）

豆渣粉：50公克　　　　牛奶：70毫升

A ┌ 羅漢果糖（顆粒）：20公克　　原味優格：100公克
　│ 抹茶：1大匙　　　　蛋液：1顆量
　└ 泡打粉：5公克

烹調方式

❶ 將豆渣粉、食材A倒入大碗攪拌均勻。

❷ 一邊攪拌，一邊逐量倒入牛奶，直到所有材料融合後，拌入原味優格與蛋液。

❸ 在耐熱的布丁杯鋪上杯子蛋糕紙模，再將等量的麵糊分別倒入紙模，然後放在耐熱盤上。依照「原味豆渣蒸麵包」的烹調方式❸蒸熟麵包。

烹調者：牧野直子

餐餐30克高蛋白料理

食譜設計者簡介

岩崎啟子
いわさきけいこ
料理研究家、營養師。著有《讓夫婦從60歲開始攝取足量蛋白質的飲食生活》（寶島社）等書。

牛尾理惠
うしおりえ
料理研究家、營養師。著有《利用大豆肉瘦得健康漂亮》（主婦の友社）。

檢見崎聰美
けんみざきさとみ
料理研究家、營養師。著有《配菜滿滿的百元便當》（青春出版社）等書。

檀野真理子
ダンノマリコ
食物造型師、營養師。著有《一只平底鍋，煮出鮮魚大餐》（青春出版社）等書。

沼津理惠
ぬまづりえ
料理研究家、營養師。著有《蔬菜冷凍食譜》（主婦の友社）等書。

堀江幸子
ほりえさちこ
料理研究家、營養師。著有《就算累得半死，也不用弄髒雙手！用保鮮袋就能完成今天的配菜！》（主婦の友社）等書。

（右）**堀江ひろ子**
ほりえ ひろ こ
（左）**堀江佐和子**
ほりえ さ わ こ
母女都是料理研究家與營養師。共同著作《美味調味1：1：1便利帖》（池田書店）等書。

牧野直子
まきのなおこ
料理研究家、營養師。著有《一餐輕鬆攝取20公克蛋白質》（池田書店）等書。

國家圖書館出版品預行編目（CIP）資料

餐餐 30 克高蛋白料理：9 位營養師設計，銅板價也能輕鬆做出美味增肌餐 / 主婦の友社作；許郁文翻譯 . -- 初版 . -- 臺北市：墨刻出版股份有限公司, 2024.05

面； 公分

ISBN 978-626-398-024-2(平裝)

1.CST: 蛋白質 2.CST: 烹飪 3.CST: 食譜

427.1   113006703

墨刻出版 知識星球 叢書

餐餐30克高蛋白料理
9位營養師設計，銅板價也能輕鬆做出美味增肌餐
節約しながら健康！たんぱく質献立

作　　　　者	主婦の友社
譯　　　　者	許郁文
責 任 編 輯	林宜慧
美 術 編 輯	袁宜如
行 銷 企 劃	周詩嫻

發 行 人	何飛鵬
事業群總經理	李淑霞
社　　　長	饒素芬
出 版 公 司	墨刻出版股份有限公司
地　　　址	115 台北市南港區昆陽街 16 號 7 樓
電　　　話	886-2-25007008
Ｅ Ｍ Ａ Ｉ Ｌ	service@sportsplanetmag.com
網　　　址	www.sportsplanetmag.com

發　　　行	英屬蓋曼群島商家庭傳媒股份有限公司城邦分公司
	地址：115 台北市南港區昆陽街 16 號 5 樓
	讀者服務電話：0800-020-299
	讀者服務傳真：02-2517-0999
	讀者服務信箱：csc@cite.com.tw
	城邦讀書花園：www.cite.com.tw

香 港 發 行	城邦（香港）出版集團有限公司
	地址：香港灣九龍土瓜灣土瓜灣道 86 號順聯工業大廈 6 樓 A 室
	電話：852-2508-6231
	傳真：852-2578-9337

馬 新 發 行	城邦（馬新）出版集團有限公司
	地址：41, Jalan Radin Anum, Bandar Baru Sri Petaling, 57000 Kuala Lumpur, Malaysia
	電話：603-90578822
	傳真：603-90576622

經 銷 商	聯合發行股份有限公司（電話：886-2-29178022）、金世盟實業股份有限公司
製　　　版	漾格科技股份有限公司
印　　　刷	漾格科技股份有限公司
城 邦 書 號	LSK009

ＩＳＢＮ 9786263980242（平裝）
ＥＩＳＢＮ 9786263980259（PDF）
定價 NTD 420
2024 年 5 月初版

節約しながら健康！たんぱく質献立
© Shufunotomo Co., Ltd. 2023
Originally published in Japan by Shufunotomo Co., Ltd
Translation rights arranged with Shufunotomo Co., Ltd.
Through Keio Cultural Enterprise Co., Ltd.